ちくま新書

身近な自然の観察図鑑

盛口 満
Moriguchi Mitsuru

1251

身近な自然の観察図鑑【目次】

はじめに　自然観察への招待

僕は、大学卒業以来、理科の教員をしています。大学を卒業し、社会人となって最初の赴任先となったのは、埼玉県の私立の中高一貫校でした。その後、沖縄に移住し、フリースクールの講師などを務め、現在は沖縄県那覇市にある小さな私立大学で教員をしています。振り返ると、教員になって、三〇年が過ぎました。中学生、高校生、大学生と、時により教える対象者は異なりましたが、授業づくりにはいつも（今も）苦労をしています。

「なぜ、理科を学ばなきゃいけないの？」

生徒や学生たちの、そんな声にどう答えたらいいのだろうかということが、常に頭のどこかにありつづけています。

僕は小さなころから生き物が好きでした。ですので、生き物や自然に関することなら、誰に言われなくても調べたりすることが苦になりません。そうして、長じて理科教員という生業《なりわい》にまで進んだわけです。しかし、みながみな、そうではありません。今、この本を手に取ってくださっているみなさん自身や、みなさんの周囲の方でも、学生時代、理科が好きだった人もいれば、理科なんて好きではなかったという人もいると思います。

ところで、じつは世の中には、一度も理科を学んだことがないという人もいるのです。それが、僕が教えていた夜間中学の生徒さんです。

僕は一時、那覇市にある夜間中学でもしばらく授業を担当していました。沖縄は激烈な地上戦に見舞われ、焦土と化した歴史があります。そのため、戦中戦後の混乱期に、満足に義務教育を受けられなかった方が少なからずいます。「六〇年待って、ようやく学校に通えたよ」……ある生徒さんは、そんなふうに語りました。クラスの平均年齢は七〇歳を超えます。でも、その学校の生徒さんは、みな勉強熱心です。夜間中学の授業では、「なぜ、学ばなきゃいけないの?」などという質問は、誰からも投げかけられません。

夜間中学に入学する生徒さんの中には、小学校にもほとんど通ったことがないという生徒さんがいます。当然、この生徒さんは、夜間中学に入学するまで理科の授業を一度も受けたことがありません。いったい、理科の授業を一度も受けたことがなく、七〇歳になった方に、どんな、理科の授業をしたらいいのでしょう。

僕は、悩んだ挙句、最初の授業で、肉じゃがを作ることにしました。

なぜ、理科の授業で肉じゃがを作ったのでしょうか。

理科で扱う重要な項目の一つに、化学変化があります。化学変化には、「もとのものとすっかり変わって、容易に元に戻らない」という特性があります。じつは、料理というのは、化学変化を利用したものが多いのです。生のじゃがいもを加熱調理すると、味も歯触りも変化します。肉も同様です。そして加熱調理したじゃがいもも、肉も、冷えた後でも、生の状態に戻ることはありません。こうして、肉じゃがを教卓のコンロの上で作りながら、「みなさんが毎日やってこられた調理というのが、すなわち理科なんですよ」という話をしたのです。

本書は自然観察がテーマの本です。自然観察にも、この夜間中学の理科の授業のエピソードと同じことが言えるのではないかと思うのです。自然観察といっても、大仰に構える必要はありません。日常行っていることに、ほんの少し、それまでと違った見方を加えるだけでよいのです。

僕は現在、大学の教員をしていますが、理科教育を担当している僕のゼミを受講している学生たちでさえ、理科嫌い、自然離れの進んだ学生が多くなっている現状があります。

街中《まちなか》出身の学生の一人は、生き物の名前なんて、ほとんど知らないと僕にいいました。「草は草。虫で知っているのはセミ、ゴキブリ、アリぐらい」と。そんな理科嫌い、自然離れの進んだ学生たちと話をしながら、どうしたら彼ら・彼女らに自然に親しみをもってもらえるだろうかと考えています。そのため僕にとって、「身近な自然とはなにか」というのは、重要なテーマです。

身近な自然とは、いったいどこにあるものなのでしょう。本書でも、この問を念頭に、身近な自然の例を探してみたいと思います。

たとえば、現代社会においては、多数の人が、一見、自然環境の乏しい都市環境の中で暮らしています。また、たとえ田舎と呼ばれる地域に暮らしていたとしても、日々の暮らしの中で自然と距離があるという点では、都市部で暮らす人々とあまり違いはないかもしれません。そのようなことから、「身近な自然観察」をテーマとする本書では、日常行きかう街中の通勤路や通学路にも自然はあるのか、はたまた、自然があるとしたら、どのような自然観察ができるのかということについて、まず、取り上げてみようと思います。

また、気軽に出かけることのできる近所の公園には、どんな自然があるのでしょうか。さらに視点を変えれば、家の中やベランダ、庭も自然観察ができうる場だと考えます。そして、それこそ日々口にしている食材からも自然観察はできるということも紹介してみたいと思います。

そのような身近な自然を対象とした自然観察を入り口にして、徐々に都市近郊の里山に出かけていく……といった、より能動的な自然観察へいざなうのが、本書のねらいです。

本書の中で、僕は身近な自然観察について紹介し、読者のみなさんに自然観察を勧めてみたいと考えているわけですが、そもそも、それはなぜでしょう。

もう一度、夜間中学の話に戻ります。

なぜ、夜間中学の生徒さんは七〇歳を超えて毎日学校に通ってこられるのでしょうか。夜間中学の生徒さんの答えはシンプルです。しかしそれは、とても根本的なことに気づかせてくれる答えです。

「勉強をすると、あたらしい自分に出会えるから」

これが、夜間中学の生徒さんからの答えなのです。人は誰しも、いくつになっても、学ぶことを楽しむことのできる生き物なのだと思えてきます。

「なぜ、学ぶの?」

「それは、あたらしい自分に出会えるから」

このやりとりも頭の隅におきつつ、本書では、自然を見ること、楽しむこと、すなわち自然観察の方法について、みなさんに紹介していきたいと思います。

◆自然観察の道具

自然観察の道具といったら、どのようなものを思い浮かべるでしょうか。もちろんこれは、観察対象によっても異なります。鳥を見るなら双眼鏡が欠かせません。もっとじっくり観察するならフィールドスコープがあると便利で……というように。ただし、「自然観察に最低限必要な道具は何？」と聞かれたら、僕は「ノートとペンとビニール袋」と答えます。

自然観察は「今日はどこそこになんという鳥を見に行こう」と目的をはっきり決め、それにあわせた装備を背負って行く場合もあるのですが、日常のふとした瞬間に、「あっ、これ面白い」と思って、思わず観察してしまう場合もあるのです。そうした事態に備え、僕は、先に挙げた三点セットと、それに加えてデジカメと虫眼鏡を観察用の基本道具として、毎日腰につけて歩いているウエストポーチの中にしまい込んでいます。

自然観察の三点セットの一つ、ノートは、ポケットやウエストポーチに入れられる小型のものなら、どんなものでもいいと思います。ただ、自然観察は一生ものの趣味です。ノートが何冊もたまってくると、整理のために同型のものでそろえていたほうが便利です。僕は中学三年生のときから観察ノートをつけ始め、大学の頃から測量ノート（コクヨのセ−Y3という型番）に切り替え、今もこのノートを愛用しています。このノートは表紙が硬いので、下敷きがなくても、野外でメモをとりやすいという利点があるのです（現在使っているノートは三七一冊目です）。

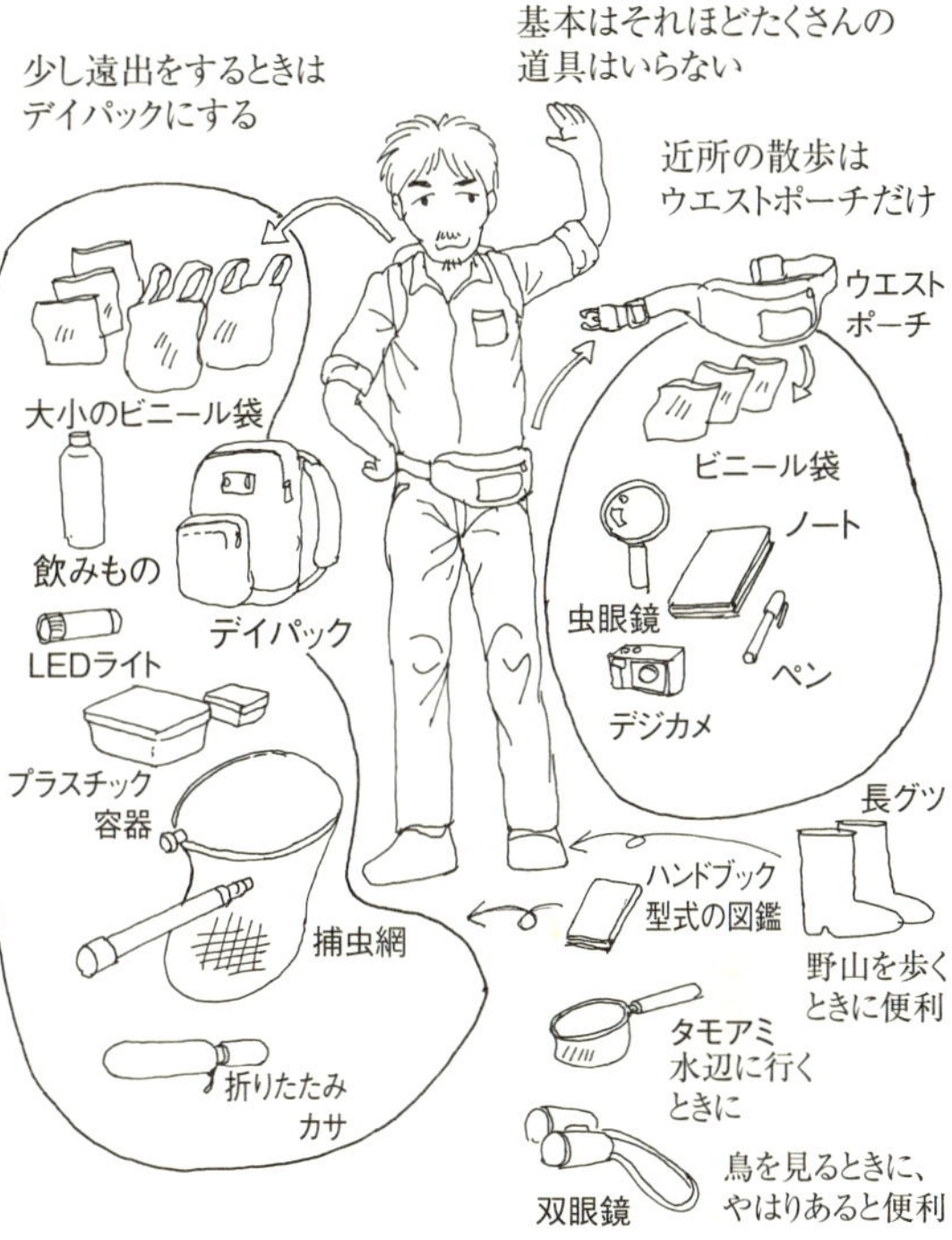
基本はそれほどたくさんの
道具はいらない
少し遠出をするときは
デイパックにする
近所の散歩は
ウエストポーチだけ
ウエスト
ポーチ
大小のビニール袋
ビニール袋
ノート
飲みもの
虫眼鏡
デイパック
LEDライト
ペン
デジカメ
プラスチック
容器
長グツ
ハンドブック
型式の図鑑
捕虫網
野山を歩く
ときに便利
タモアミ
水辺に行く
ときに
折りたたみ
カサ
鳥を見るときに、
やはりあると便利
双眼鏡

自然観察道具図鑑

第一章

道ばた

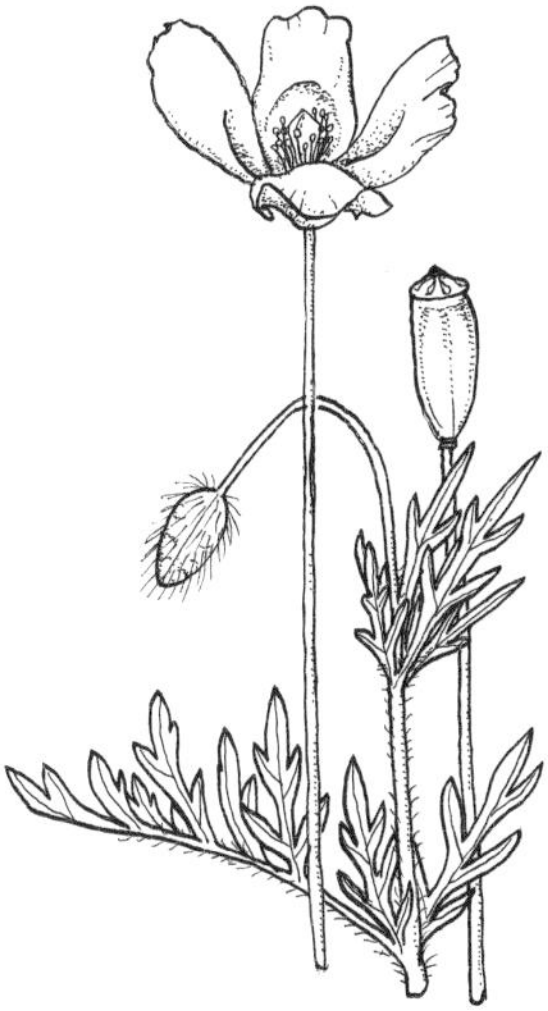

ナガミヒナゲシ

1　雑草の観察

†通勤路の生き物とは?

誰しも、子どもの頃の通学路の思い出というものがあるのではないでしょうか。路地、空き家、田んぼ、繁華街と、人によって、思い出す通学路の風景は違っていると思います。

その通学路で、生き物と触れ合った思い出はあるでしょうか。

僕は千葉の田舎町に生まれ育ちました。小学校までの徒歩二〇分ほどの通学路で、いろいろな生き物と出会った記憶があります。そんなに大した記憶ではありません。たとえば、秋、道ばたのヒガンバナの花茎を、傘でなぎ倒して歩いた……とか。

やがて、中学、高校に進学すると、自宅からより離れた学校へ自転車通学をするようになり、さらには部活で日が暮れてから家に戻るようになりました。そうすると通学路は、単なる家と学校を結ぶ経路になってしまいました。

大人になると、今度は、個々人それぞれに、通勤路をもつことになります。

僕は、今、那覇市の街中にある自宅から職場の大学まで三〇分ほど歩いて通勤していま す。この通勤路は街中の、家ばかりの一帯です。徒歩で学校へと通っているのは小学校以来ですが、なにしろ毎日のことですし、街中の環境です。ともすると考え事でもしながら、周囲にはさほど注意をはらわず、ひたすら歩いているということがよくあります。ところが、そのような通勤路にも生き物がいます。つまりは、その生き物を観察対象とした、通勤路での自然観察もできるはずです。では、通勤路では、いったいどんな生き物が見られるのでしょうか。

家から早朝のバスに乗って、駅で電車に乗り換え、さらに地下鉄に乗り換えて、降りた駅から徒歩三分で即オフィス。中にはそんな人もいるかもしれません。

それでも、そんな通勤路の中でも、おそらく、まったく生き物に出会わないということはないと思います。たとえば、どんな街中でも、道ばたに雑草は生えています。ただ普段は、その存在を気にしていないだけなのです。

本章では、自然観察の第一歩として、身近な雑草にあらたなまなざしを向けるということを、紹介してみようと思います。

†街中の雑草を見る

以前、「東京・銀座を見直す」という企画の本づくりに関わったことがあります。僕が関わったのは、それこそ、街の中の街というべき銀座にも、生き物たちがいるということを紹介するページの作成でした。ゴールデン・ウィークのさなかの銀座に出かけ、生き物を探しました。そして、もちろん銀座にも雑草は生えていました。

結局、この日銀座では、表1に挙げたような雑草を見ることができました。街中だって、これくらいの種類の草は生えているものなのです。

ただ、こうして名前を挙げただけでは、やはりなかなか足元の雑草に目が向くことはないでしょう。植物、しかも、雑草というのは、身近にあるということが、なによりもありがたい存在なのですが、どことなく、地味な存在です。正直にいえば、「なにをどう、おもしろがったらいいか、わからない」というふうに思う人もいるのではないかと思います。

僕は、大学を卒業してすぐ、埼玉の雑木林に囲まれた私立の中高等学校の理科教員になりました。僕の勤めることになった学校は、とてもユニークで、授業も、教員たちの自主的な取り組みを積極的に進めようとするところでした。そんな学校に勤めることになった僕が、受け持つことになった中学一年生の最初の授業でやったのが、「野草の天ぷらづく

表1　銀座の雑草

植えますの雑草	スズメノカタビラ、コオニタビラコ、ヨモギ、カタバミ、オオアレチノギク、ドクダミ、ハコベ
公園の雑草	スギナ、オランダミミナグサ、アマチャヅル、ムラサキカタバミ、アカネ、セイヨウタンポポ、ナズナ、ハルノノゲシ、ツメクサ、ハコベ、ヘクソカズラ、タケニグサ、スズメノテッポウ、ハハコグサ、カタバミ、ハルジオンなど

※植えます…街路樹の下の地面がむき出しになっているところ

り」という授業です。

「身近な植物を見てみましょう」といわれても、中学生たちは、何をどうしたらいいかわかりません。そこで生徒たちに、「校庭に生えている草の中で、食べられそうだと思うものがあったら採ってきなさい。本当に食べられる草だったら、天ぷらにするから」という課題を出したのです。そして、僕はコンロと天ぷら鍋をもって、校庭の一角に陣取りました。

こんな「課題」を受けとった中学生たちは、がぜん、はりきりました。

「これ、食べられる？」

次々に、生徒たちが草を手にして、僕のところにやってきます。

「これは、ダメ」

「これは、食べられるよ」

持ち込まれた草を鑑定し、食べられない草は放り出し、食べられる草は、さっと水洗いして、天ぷら粉をつけて、油であげます。

「食べられるか、食べられないか」

たとえば、こんな課題設定をもつだけで、急に足元の草が見えてくるようになるのです。

✝食べられる草をさがせ

毎年、春になると、山菜と間違えて毒草を食べた人の中毒事件を新聞紙上で見かけます。ですから、先のような授業をする際には、持ち込まれた植物について、きちんと鑑定しなければなりません（近年は放射能汚染にも注意が必要です）。生徒たちは、個々ばらばらに持ち込まれた草が食べられるかどうか、僕が即座に判定を下していたことに、驚いていました（ちょっと尊敬もしてくれたんじゃないかと思います）。ただ、ここで種明かしをすると、僕が、この授業のとき、持ち込まれた植物のすべての種類の名前を知っていたかというと、じつはそんなことはありません。

食べられる草と食べられない草は、属しているグループ（科）に、一定のまとまりがあります。つまり、毒草が含まれているグループの草には手を出さない。逆に、毒草が含まれていないグループの草は、きちんとした種名までわからなくても、手を出して、大丈夫。こういうことなのです。

先の銀座の雑草リスト（表1）に戻りましょう。銀座では、ここに示したものを中心に二八種の雑草を見つけました。この中に、中学生の授業で、天ぷらにして食べさせた雑草が含まれています。それはどれだか、わかるでしょうか？

セイヨウタンポポ、ハルジオン、ヨモギ、コオニタビラコ……リストに名前が載っていた雑草の中で、こうした草を、僕は天ぷらにして食べてもらいました。このうち、ヨモギは草餅にも使うものですから、食べるということに抵抗はないと思います。タンポポも、食べるという話を聞いたことがあるかもしれません。授業の中では、タンポポの花を天ぷらにして食べてもらいました（おいしい！　と好評でした）。ここで注意する点は、セイヨウタンポポ、ハルジオン、ヨモギ、コオニタビラコは、すべて同じ仲間の植物であるということです。これらの草は、すべてキク科に属しています。そしてキク科の草は、天ぷらにしても大丈夫な草たちなのです。

これとは逆に、ケシ科の植物は毒草が多いので、天ぷらにしてはいけません。銀座の雑草リストでは、タケニグサがこれにあたります。銀座では見当たりませんでしたが、もう少し郊外に行くと、同じケシ科のムラサキケマンもよく見る雑草です。もともと地中海原産のケシ科の帰化植物ナガミヒナゲシも、近年はずいぶんと分布を拡大してきているので、身近でその姿を見かけることも多いと思います。

2　タンポポ

†タンポポの花の観察

さて、いま食べられると述べたキク科は、雑草の中でも優勢なグループです。銀座で見られた二八種の雑草も、その四分の一はキク科に属しているものでした。次に、キク科の雑草について、その代表ともいえるタンポポを取り上げて、さらに見てみることにしましょう。

道ばたや空き地に咲いているタンポポが目に留まったら、一本つんで見てみることにします。

雑草の観察のいいところは、身近にあることと、つんだりちぎったりしてもかまわないことです。自然の中には、天然記念物や国立公園のように、人の手が触れることを規制することで守られるものがあります。その一方、自分の手で触り、ときには食べたりしながら実感することのできる自然の存在も貴重です。

さて、身近なタンポポの花を手に取って、まじまじと見てみたことはあるでしょうか？手に取って見てみると、いったいどんな特徴に気づくでしょう。

タンポポの花をどうやって観察しましょうか。まずは手を動かしてみることにしましょう。野外ではやりにくいので、どこか室内、それも机のあるところへ移動することにします。次に、紙を一枚取り出して、机の上に敷きます。風は入ってきませんね？　風があると、せっかく途中までやりかけの観察が、やり直しとなりかねません。

皆さんの手にしたタンポポには、花びらのようなものがたくさん見えると思います。これは、じつは花びらではありません。一つ、一つが花なのです。小さな花がたくさん集まって一つの花のように見える。これが、タンポポを含めたキク科の花の特徴です。小さな花（専門用語で小花といいます）がたくさん集まったキク科の「花の集まり」のことを、専門用語では頭状花《とうじょうか》と呼びます。では、これから、手にしたタンポポの頭状花に、いったい、いくつの花があるか数えてみることにしましょう。実際に数える前に、いったい、いくつの花が集まっているか、予想を立てることはできますか？　その予想と結果はどのくらい近い値になるでしょう。

埼玉の中学校の授業でも、このタンポポの花の解剖をやってみました。ばらばらにした花がどこかへいってしまわないよう、一〇本ずつ、セロテープで紙にはりつけるという方法もあります。手先だけではやりにくい場合は、ピンセットがあるといいですね。さて、結果はどうだったでしょうか。中学校の授業で数えてもらったときは、クラス平均では一三一本という値になりました。みなさんが数えたタンポポは、この数値より少なかったですか？　それとも多かったですか？

こんなことをすると、それまでよりも、タンポポの「花」が気になるようになります。そして、タンポポの「花」が気になると、ちょっと変わった「花」があることにも気づくようになります。変わり種のタンポポです。

埼玉の学校近くで、毎年見つかったのは、普通のタンポポに比べて花茎が何倍も大きく、その分、頭状花も普通のタンポポの何倍もあるタンポポ——通称お化けタンポポ——です。頭状花が普通のタンポポより何倍も大きいといっても、同じキク科のヒマワリの頭状花のようになるわけではありません。花茎が普通のタンポポの何倍も、横に平たく変化しているので、頭状花も、横方向にだけ長くなるという変化をするのです（頭状花を上から見ると毛虫状に見えるといえばいいでしょうか）。お化けタンポポの花の数を数えてみたことがあります。花茎が二二ミリのものでは、頭状花は一一五七本もの花が集まっていました。

じつは、もっと巨大なお化けタンポポも見つけたことがあるのですが、これはさすがに花を数えたことがありません。タンポポの花の数のギネス記録はいくつになるのか？　チ

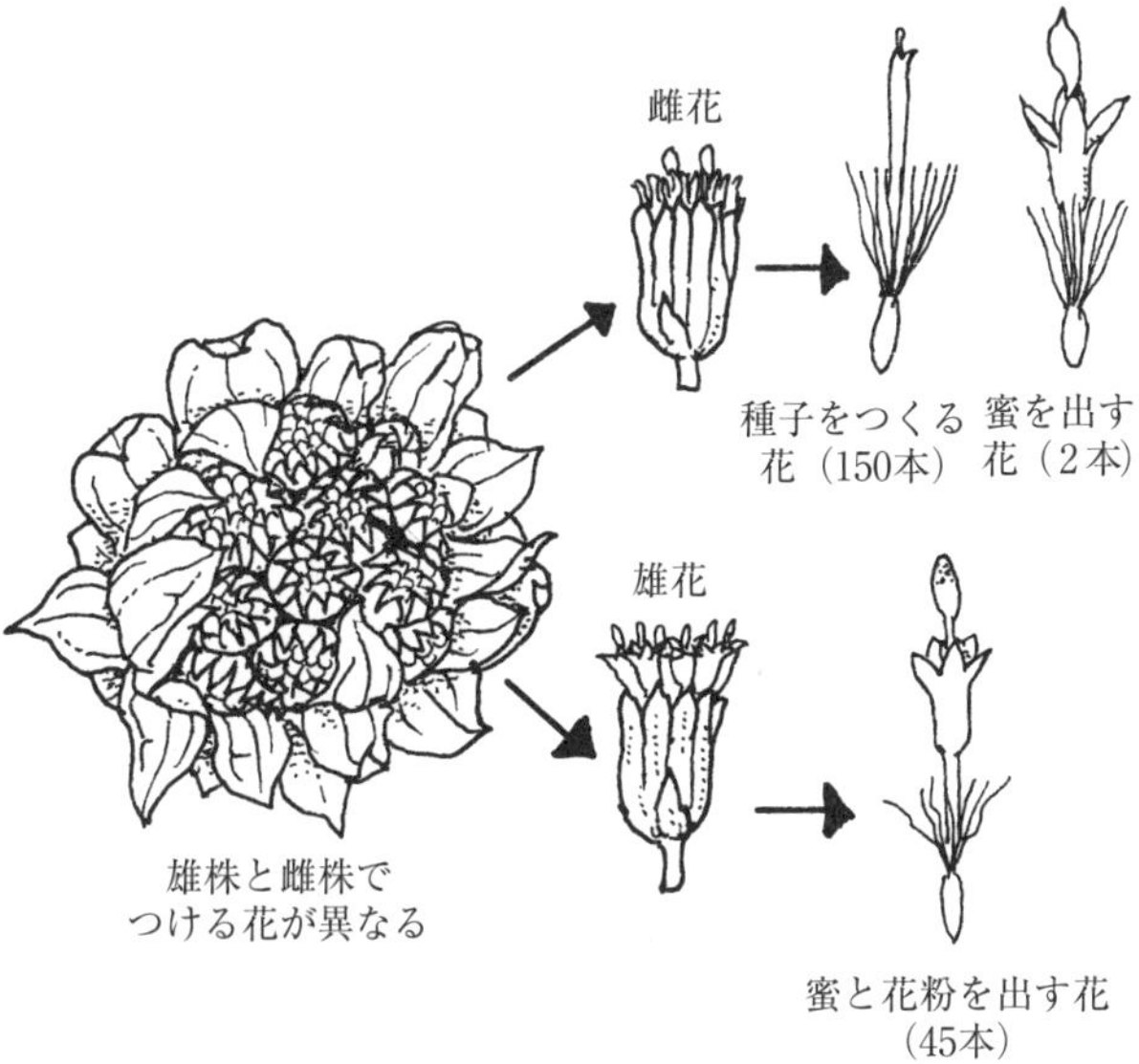

フキノトウの花を解剖する

ャレンジしてみたい方は、お化けタンポポを見つけたときに、花の数を数えてみてはどうでしょう。この花茎《かけい》や頭状花が巨大化したものは、帯化奇形《たいかきけい》と呼ばれる現象で、タンポポ以外でも、いろいろな植物で例があります。その原因も複数あり、埼玉の学校周辺で見られたタンポポの帯化奇形の原因が何であるかはわかりません。

タンポポのように頭状花をつけるのがキク科の特徴と先ほど書きましたが、ほかのキク科の植物の頭状花も、機会があったらばらばらにしてみましょう。

春の山菜の一つにフキノトウがあります。フキノトウは、フキの「花」で、このフキもキク科の植物の一つです。ですから、フキノトウにも頭状花があり、その頭状花は、小さな花がたくさん集まってできています。キク科の植物によっては、頭状花をつくる花に役割分担をもたせる場合もあります。フキの場合、雄株と雌株でつける「花」が違っています。

フキノトウを手に取る機会があったら、ぜひ頭状花をばらばらにして、前頁のイラストを参考に、手にしたフキノトウが雄か雌かを見分けてみてください。

†タンポポを見分ける

ここまでタンポポ、タンポポとおおまかに表記してきましたが、「花」を観察すると、タンポポにも種類があることがわかります。

タンポポにも、日本に昔から生えているタンポポ（在来種）と、外国から入ってきたタンポポ（移入種）があることを、聞いたことがある人は多いのではないでしょうか。この両者の違いがわかる、一番簡単な方法が、「花」のつくりを見分けることなのです。

タンポポの「花」（正確に言うと、花茎と、その先端についている頭状花）をもう一度見てみましょう。黄色い花びらのように見えるものが花であることは、先ほど自分の手と目を使って確かめました。その花の集まりの外側には、緑色をした「がく」のようなものが覆っています（三一頁の図参照）。これは、専門用語で総苞片《そうほうへん》と呼ばれるものです。この総苞片のうち、外側に位置しているものが反り返って下を向いているのが、外国からやってきたタンポポの特徴です。一方、総苞片がすべて上を向いている場合は、日本在来のタンポポということになります。街中の道ばたで見られるのは、ほとんどが外国産のタンポポだと思いますが、皆さんの見つけたものはどうでしょうか。ただし、一本だけでは判断をするのが難しい場合もあるので、その場合は、同じ株の「花」の様子を見てみましょう。

より詳しく言うと、外国産のタンポポにも、日本在来のタンポポにも複数の種がありま す。ただ、外国産（ヨーロッパ原産）のタンポポが、何という種類かを判別するのには難しい問題があります。どのように見分け、名前を決定するかについては、いろいろな意見があるからです。この本では、外国産のタンポポの総称としての意味で「セイヨウタンポポ」という呼び名を使うことにします。

一方、日本在来のタンポポは全部で一五種類に分けられています。関東地方の場合、主に見られる在来タンポポは、カントウタンポポです。また、在来タンポポの中には、白い花をつける、シロバナタンポポという種類もあります。

なお、近年、都市部などでも、タンポポによく似た頭状花をつける草で、もっと花茎が長く、また、一つの花茎が途中で二股に分かれて頭状花をつける草がよく目に入ります。

これはタンポポモドキという別名もある、ブタナという移入植物です。ヨーロッパ原産のブタナは、一九三三年に北海道で見つかったのが最初でしたが、今は九州から北海道にかけて各地に広がっています。

†タンポポの実の観察

タンポポは、花が咲いたあと、白い綿毛をつけます。茎を手折って、綿毛にふっと息をかけて、空に飛ばしたことがある人も多いでしょう。ここで、また、花の解剖を思い出してください。頭状花を構成していたのは、ひとつひとつの小さな花（小花と呼ぶ）でした。するど、この空に飛び散る綿毛は、もともと、ひとつひとつが花だったことになります。

もう一度、頭状花をばらばらにしたものを見返してみることにします。小さな花の根元に、ふくらんだところがあり、そのすぐ上にはブラシ状の毛が生えています。この毛の部分が、やがてもっと大きくなり、風を受ける綿毛になります。では、根元は？　なんとなく、綿毛の根元についているのが「タネ」になるところだと思えます。が、ここで、考えてみましょう。普通、花が咲いたあとできるのは、実（果実）で、タネ（種子）は、その中に入っています。ですので、綿毛というのは、ふわふわした風を受ける部分も、柄の部分も、根元の「タネ」のようなふくらみも、全部ひっくるめて、タンポポの実（果実）だ

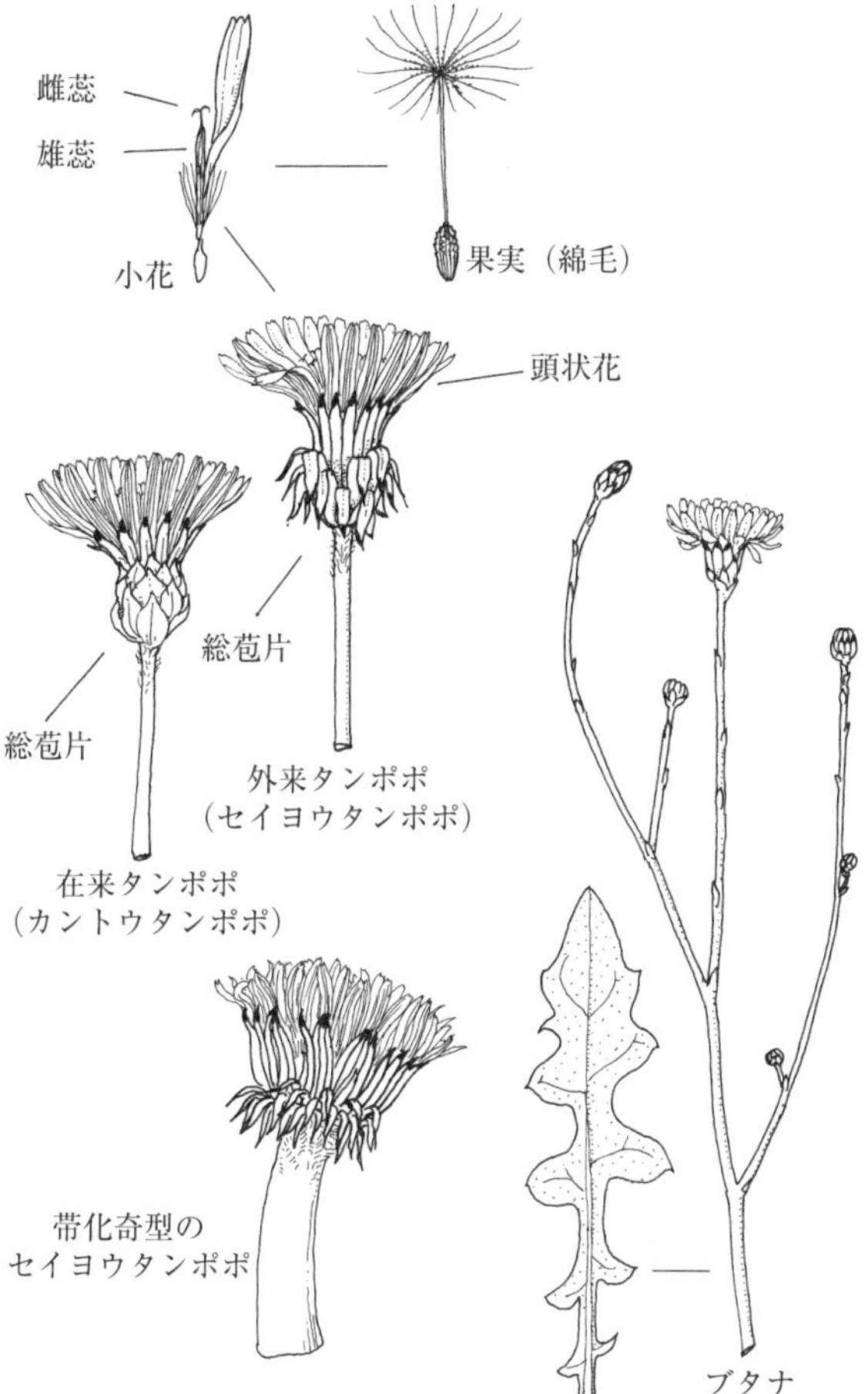
雌蕊
雄蕊
小花
果実（綿毛）
頭状花
総苞片
総苞片
外来タンポポ
（セイヨウタンポポ）
在来タンポポ
（カントウタンポポ）
帯化奇型の
セイヨウタンポポ
ブタナ

タンポポ図鑑

ということになります。本当の種子は、綿毛の根元のふくらみの、一皮剝《む》いた中に入っているのです。

先ほど、ヒマワリも、タンポポと同じ、キク科の植物だということに触れました。ヒマワリの「花」（頭状花）が咲き終わると、たくさんの「タネ」ができます（ペットショップでハムスターなどの餌として売られているのと同じものです）。つまり、この「ヒマワリのタネ」も、本当は「ヒマワリの実」なのです。ハムスターにあげると、硬い殻を剝いて中身を食べますが、この硬い殻が果実にあたり、ハムスターの食べる中身が種子にあたるわけです。

キク科の果実は、こうしてみると、ほかの植物の果実と比べて変わり者といえます。また、同じキク科でも、タンポポのように風によって播き散らされることに適応した形をした果実（綿毛）と、ヒマワリのように動物によって食べられることに適応した形をした果実というように、散らばり方（散布形式）によって、姿が異なることがわかります。

では、身近な雑草で、タンポポのように綿毛をつけるキク科の植物はほかにどんなものがあるでしょうか。はたまた、キク科のくせに、綿毛をつけない雑草は身近で見つかるでしょうか。キク科の果実比べをしてみても、おもしろいかもしれません。

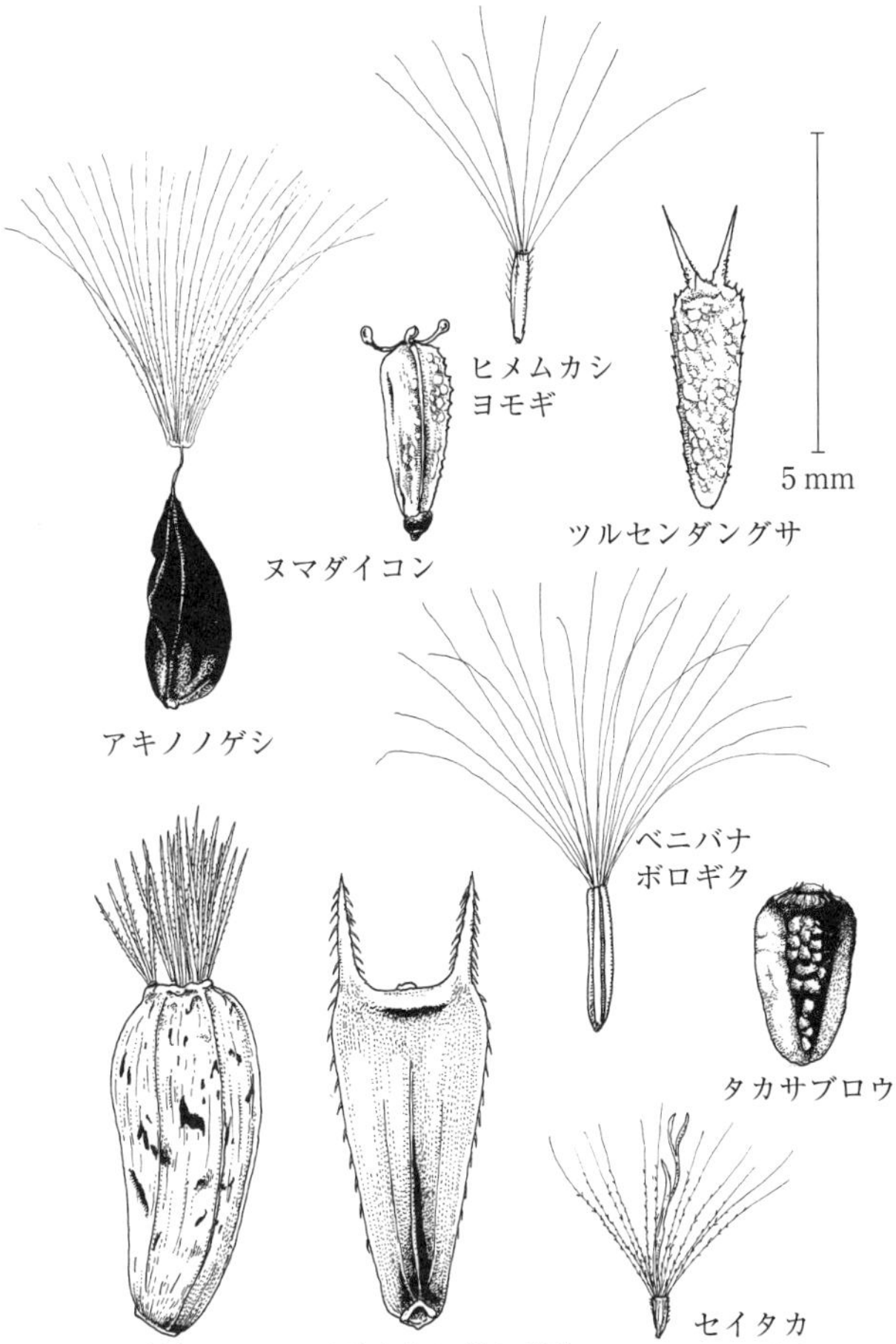
ヒメムカシ
ヨモギ
5 mm
ツルセンダングサ
ヌマダイコン
アキノノゲシ
ベニバナ
ボロギク
タカサブロウ
セイタカ
アワダチソウ
ゴボウ
アメリカセンダングサ
キク科の果実図鑑

†タンポポの汁で遊ぶ

タンポポの花茎を手折ったとき、切り口から白い汁が出たことに気づきましたか？　この汁は、服につくと、なかなか落ちずにやっかいです。こうした白い汁が出るのは、タンポポだけに限りません。キク科の雑草であるハルノノゲシやアキノノゲシなども、白い汁を出します。

では、この白い汁は何でしょう。

白い汁は乳液と呼ばれるものです。キク科の中にも乳液を出さない植物があります。一方、キク科以外でも乳液を出す植物もあります。乳液に含まれる成分は、植物によって異なっているのですが、この乳液にゴム成分を含む植物があります。天然ゴムが採れるので有名な、トウダイグサ科のゴムノキ（パラゴムノキ）もそうした植物のひとつです。ゴムノキは熱帯原産の植物で、熱帯地方にゴム採取のためのゴム園がつくられています。

ところで、かつて旧ソ連では、自国内で天然ゴムがつくれないかと、寒冷地で栽培可能な植物の探索が行われました。そうして発見され、栽培されたのが、タンポポと同じキク科タンポポ属のゴムタンポポという植物です。

僕は実際にゴムタンポポを見たことがありません。しかし、この話を聞いて、ひらめくものがありました。ゴムを生産するゴムタンポポという植物があるのなら、道ばたのタンポポからもゴムを採取することができるのではないかという思いつきです。

どんな方法がいいのかまではわからなかったので、いきあたりばったりでやってみることにしました。タンポポの花茎を一本ずつ手折っては、その傷口から出てくる乳液を、顕微鏡用のスライドグラスにこすり取り、水分を蒸発させながら、次々に手折ったタンポポの乳液をこすりつけるという、ごく単純な方法です。

想像がつくと思うのですが、こんな方法で集めることができるのは、ごくわずかの量でしかありません。一時間ほどの作業の結果、スライドグラスの上に残ったのは、見かけも大きさも鼻くそ程度の塊でした。最初は、輪ゴムぐらいはできるのではないかと思ったのですが、弾力はあるものの、手で伸ばすとちぎれてしまいます。天然ゴムも、製品化するにあたっては、加工を施すので、輪ゴムとするには、何らかの処理が必要なようです。

そこで、もうひとつの用途を試してみることにしました。それは、消しゴムとしての用途です。鉛筆で文字を書き、このタンポポ消しゴムでこすってみると……なんと、消えます。完全とはいえませんが、ちゃんと消しゴムとして使えるのです。これで、本当にタンポポの乳液にはゴム成分が入っていることを確かめられました。みなさんも、タンポポがたくさん咲いている道ばたや空き地を見つけたら、十分ひまがあるときに、試してみてはいかがでしょう（通勤途中に試すわけにはいきませんが……）。

こんなふうに、タンポポひとつとっても、いろいろな観察をすることができます。乳液からの消しゴムづくりなどは観察というより、遊びじゃないかといわれるかもしれません。しかし、そんな遊びまじりの観察ができるのが、道ばたの雑草観察の利点なのです。では、通勤路でも見かける雑草で、遊びもまじえた観察をもう少し試してみましょう。

雑草とは何か

タンポポ以外の雑草観察を始める前に、雑草とは何かについて、少し考えてみます。そのことによって、より「深い」観察ができると思うからです。

雑草という言葉には、「勝手に生えてくる邪魔な草」「作物などに悪さをする草」というマイナスイメージがつきまとっているように思います。

では、実際には、雑草とはどんな植物だと定義されているのでしょう。

じつは、雑草の定義は、人によって違っています。さまざまな雑草の定義を見比べた結果、僕は、「人の作り出した環境に勝手に生えてくる草を雑草と呼ぶ」という定義を採用したいと思います。道ばたに生える草も、畑に生える草も、勝手に生えてくるものであれば、みんな雑草です。

これに対して作物とは、畑や田んぼなど、わざわざ整備した場所に、人間が植えて、収穫するまで管理する植物のことです。定義だけ見ると、作物と雑草には、大きな違いがあるように思えます。

ところが、作物と雑草というのは、縁の深い者同士なのです。なんとなれば、民族植物学者であり、穀物の研究者でもある元京都大学教授の阪本寧男《やすお》先生によれば、「作物はすべて雑草段階を経て生み出されたものである」と考えられるからです。

これは、いったい、どういう意味なのでしょうか。説明してみましょう。

人間はもともと長い間、狩猟採集生活を続けてきました。その後、約一万年前から、農耕が始まります。この農耕の始まりの頃を想像してみましょう。

農耕に先立って始まったのは人々の定住生活でしょう。

人々が定住生活を始めると、たとえば周囲に木々が生えていたなら、伐採されて裸地《らち》ができます。また、人々が排便をしたり、ゴミを捨てたりすることで、土壌は周囲よりも栄養分が多くなります。こうした場に、さらに人々が収穫して食糧にした植物の残りものの種子が落ちたり、それと気づかずに、衣服や荷物などについて種子が持ち込まれたりします。もちろん、わざわざ人が植栽する場合もあったでしょう。自然に風が運んできた種子もあったでしょう。このようにして、人間の作り出した環境に生育し始める植物が現れます。

そうした人間環境に適応できた草の中に、「これは使える」と人々が思ったものがありました。「食べられる」「繊維がとれる」といった特性のあった草です。こうした「有用」とみなされた草は、人間によって、特別な場所で、ＶＩＰ待遇で育てられることになります。また、栽培が続けられる中、より有用な性質をもったものが注目され、選抜されることにもなります。こうした人間の作用によって生み出されたものが作物なわけです。

一方、人間にとって「使えないな」と思われ、そのまま放っておかれたのが雑草です。雑草の中には、田畑に入り込むようになったものもありました。もちろん、こうした雑草は作物の邪魔になります。人間は田畑に侵入した雑草を排除しました。すると、「抜かれても根っこがのこる」だの「抜かれる前にタネをばらまく」だの「作物に化けて生き残る」といった、排除されにくい雑草が生き延びることになりました。こうした人間の作用によって生み出されたものが、雑草の中の雑草、耕地《こうち》雑草《ざっそう》というわけです。

まとめてみると、作物はすべて、もとをたどると、人間の作り出した環境に勝手に生えることのできた草、すなわち雑草がはじまりです。そのまま放置されたものが、現在の雑草で、人間に選ばれたＶＩＰ待遇の雑草が作物です。雑草は作物の兄弟分にあたるのです。

こうしてみると、面白いことに気づきます。今も昔も、雑草の中には、作物の祖先や、作物と関わりの深いもの、はたまた作物になり損ねたものなどが含まれているということです。

こうした目で雑草を見てみることにしましょう。それまでと異なったあらたな視点を自然へと向けてみる。これが、自然観察をするときの大きなコツです。見る目が変わると、通勤路の道ばたや空き地が、さまざまな履歴をもった雑草の詰まった「おもちゃ箱」のように見えるはずです。

3　ネコジャラシ

†ネコジャラシの見分け方

夏から秋にかけて、街中の通勤路の道ばたでも、ネコジャラシの姿が見られるようになります。

ネコジャラシの正式な名はエノコログサといいます。ただし、姿の似た仲間であるアキノエノコログサやキンエノコロも含めての総称として使われる用語だと考えたほうがいいでしょう。「ネコジャラシ」とまとめられる草には、さらにほかの種類も含まれます。僕の住んでいる沖縄の路傍では、ザラツキエノコログサという種類を見かけることが多いですし、同じエノコログサでも海岸に行くと、ハマエノコロという小型化したタイプを見かけます。また、耕作地の一角に、際立って大型のエノコログサを見つける場合があって、この大型のタイプには、オオエノコロという名がつけられています。

穂をつけたネコジャラシを一本、抜いてみましょう。穂をつけた茎の部分は、細くても稲わらや麦わらのように、硬く、しっかりしたものであることがわかります。

タンポポはキク科でしたが、ネコジャラシの仲間はイネ科の植物です。イネ科の植物の茎は、ほかの草々のものよりもしっかりしていて、特別に稈《かん》という呼び名が与えられています。穂には、毛のようなものがたくさん生えています。これは、正式には刺毛《しもう》と呼ばれるものです。

同じイネ科のイネの場合には刺毛のかわりに、のぎと呼ばれる、やはり毛のような突起が見られます。現在栽培されているイネには、のぎはほとんど見当たりませんが、イネの祖先にあたる野生植物の場合、長いのぎを持っています（僕が見たものは、長さが一一センチもありました）。野生種に発達していて、栽培種では退化しているということから、刺毛やのぎは、イネ科植物が野外でくらすときに必要なもの、つまり種子を食べられないよう

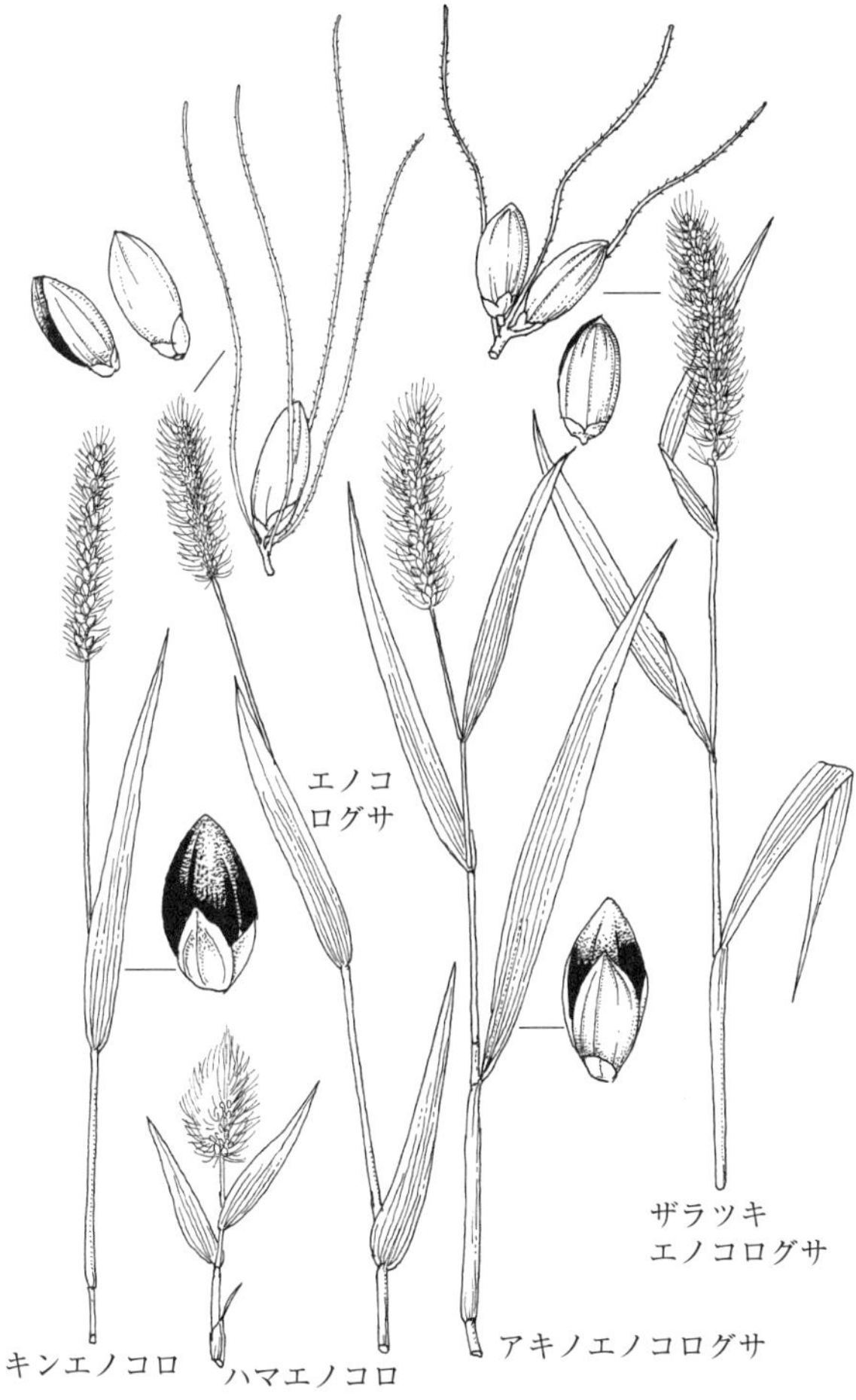

ネコジャラシ図鑑

表2　ネコジャラシのチェック表

穂はざらつき、互いにくっつきあう→**ザラツキエノコログサ**
穂はざらつかない
├→刺毛は短く、穂は全体的に黄色みを帯びて見える→**キンエノコロ**
└→刺毛は長い
　├→粒は大型（3ミリ）→**アキノエノコログサ**
　└→粒は小型（2ミリ）→**エノコログサ**
　　├→海岸に生える穂も全形も小型のタイプ→**ハマエノコロ**
　　└→耕作地周辺に生える穂も全形も大型のタイプ→**オオエノコロ**

にする工夫であることがわかります（イネ科の植物によっては、のぎが種子散布に役立っている場合もあります）。

ネコジャラシの穂には、小さな粒がたくさんついていますが、熟したものからぱらぱらと落ちていき、晩秋のものでは、稈と穂だけになってしまいます。この粒が種子なわけですが、正確にいうと、種子のまわりを実が包み、さらに穎《えい》と呼ばれる殻状のもの（イネの場合、籾《もみ》と呼ばれる部分）が外側を包んでいます。

まずは、通勤路で見られるネコジャラシの仲間は、いったい何という種類なのか見分けてみましょう（表2）。

ネコジャラシの「れきし」を探る

雑草の中でもイネ科に属する植物は、種類がいろいろとあり、名前調べが難しいものもあります。

日本雑草学会のホームページを見ると、日本産の雑草リストとして八七七種もの植物名が挙げられています。その中で、一番種類の多いグループがイネ科で一三九種あります。このリストを見ると、以下、キク科一一七種、カヤツリグサ科五五種、マメ科四六種といった仲間が雑草として種類が多いグループとなっていることがわかります。ところで被子植物は世界に約二七万種あり、その中でイネ科は九五〇〇種ということですから、被子植物全体に占めるイネ科の割合は三・五パーセントとなります。それに対して、キク科は八・五パーセントを占めます。植物全体に対する種数の割合でいえば、キク科のほうがイネ科より多いわけです。ところが日本の雑草八七七種の中に占めるイネ科の割合は一六パーセント、キク科の割合は一三パーセントとなり、先の数値と逆転します。すなわち、イネ科はキク科よりも雑草化しやすいグループといえます。

そうした雑草の王者的グループであるイネ科の中でも、ネコジャラシの仲間はよく見かけ、ほかのイネ科の植物に比べ見分けやすいという特徴があります。これがタンポポに引き続き、ネコジャラシを観察してみようという理由です。

さらに理由はもうひとつあります。

それは、ネコジャラシが、作物のアワの先祖にあたるということです。先ほど、雑草と作物は兄弟分であるということを紹介しました。ネコジャラシは、このことを確かめるうえでもってこいの存在なのです。

アワは最近でこそ、あまり利用する機会がありませんが、以前は重要な作物でした。中国の古代の農書である『斉民要術《せいみんようじゅつ》』の中には、アワを作るときは毎年場所をかえないと、エノコログサが生えてきて収穫量が減ってしまうという記述があるそうです。

脱穀されたアワは、スーパーでも袋入りのものが売られていますが、穂のままのアワを見たことがあるでしょうか？　ペットショップに行くと、飼い鳥の餌用に、穂のままのアワが売られているので、これを買ってきて、エノコログサと比べてみることにしましょう。アワはエノコログサに比べると、びっくりするほど穂が大きくなっていて、同じものといわれてもにわかに信じがたい気もします。でも、さきほどの『斉民要術』の記述からすると、アワからエノコログサに先祖返りをする場合があるわけです。

アワの原産地ではないかと考えられている中国黄河沿い（原産地に関しては異論もあります）で、実際にエノコログサを育てて、その収穫量を調べたというユニークな研究があります。五〇平方メートルの土地に火入れを行い、そのあとエノコログサの種子をばらまき、その後は水やりなどの世話を行わずに収穫を行ったというものです。まいた種は、一三七七本分の穂からとられたものですが、収穫されたのは二万一〇〇〇本の穂で、一五・二五倍の収穫量になったそうです。

野生のエノコログサの利用、エノコログサの栽培、栽培に適した個体の選抜と、アワの誕生までにはいくつかの段階があったはずです。つまり、当然のことながら、エノコログサを収穫して食べていた段階があったからこそ、アワが栽培化されたということになります。

†ネコジャラシを食べてみよう

では、そのことを実感してみるために、ネコジャラシを収穫し、食べてみることにしましょう（やはり放射能汚染には注意してください）。

ここで、自然観察に必携の道具をひとつ紹介しましょう。それはビニール袋です。エノコログサの収穫時には、レジ袋など、やや大きめのビニール袋が活躍してくれます。

エノコログサからアワが栽培化されるにあたって、大きな違いが生まれました。それは、アワの場合、穀粒が一斉に熟し、なおかつ熟しても穂から落ちないという性質（非脱粒性）を獲得したことです。このことによって、収穫が大変楽になりました。

雑草であるエノコログサは粒が熟す時期がバラバラです。また、熟した粒から脱粒してしまいます。そのため、収穫には、手間がかかります。さすがに、通勤路の道ばたでは食べるほどの量はとれそうもありません。食べることを目的とするなら、十分な量の収穫が見込めそうなほどエノコログサの生えている草むらを見つける必要があります（住宅建設予定地や、放棄された畑などが候補地です）。そうした場所を見つけたら、穂が全体的に熟しているかどうかを見極めます。それから、片手に袋をもち、その袋をエノコログサの穂にあて、穂の上からもう片方の手で穂をはたくなどして、袋の中に粒を落とすという作業を行います。これはやってみるとわかるのですが、なかなか効率的な作業にはなりません。うまく袋に入らないものがかなりの量になってしまうのです。そのため、たとえばエノコログサの群落の下に傘を広げ、そこに穂をはたくといったやり方も試してみてはどうかと思います（この方法のほうが、まだ効率がいいような気がします）。この方法を使っても、お腹いっぱいになるほどの量を収穫するのは並大抵ではないというのが、正直な感想です。いったい野生状態のエノコログサを収穫していた段階の人々は、どのようにしていたのでしょうか。

なお、収穫したエノコログサは、少しずつ、すり鉢をつかって穎をはずします。ごりごりとすり棒ですっては、ふーっと息を吹きかけると、粒からはずれた穎が吹き飛びます。これをすべての粒の穎がとれるまで繰り返すわけです。その後、十分な水と一緒に炊くと、おかゆのようなものができあがります。味は、温かいうちは、それほど悪い物ではありません。十分に口にできる代物です。みなさんも、よかったら試してみませんか。そのとき、どれだけ時間をかけたら、どのくらいの収穫量があったかとか、収穫物が籾摺《もみす》りするとど

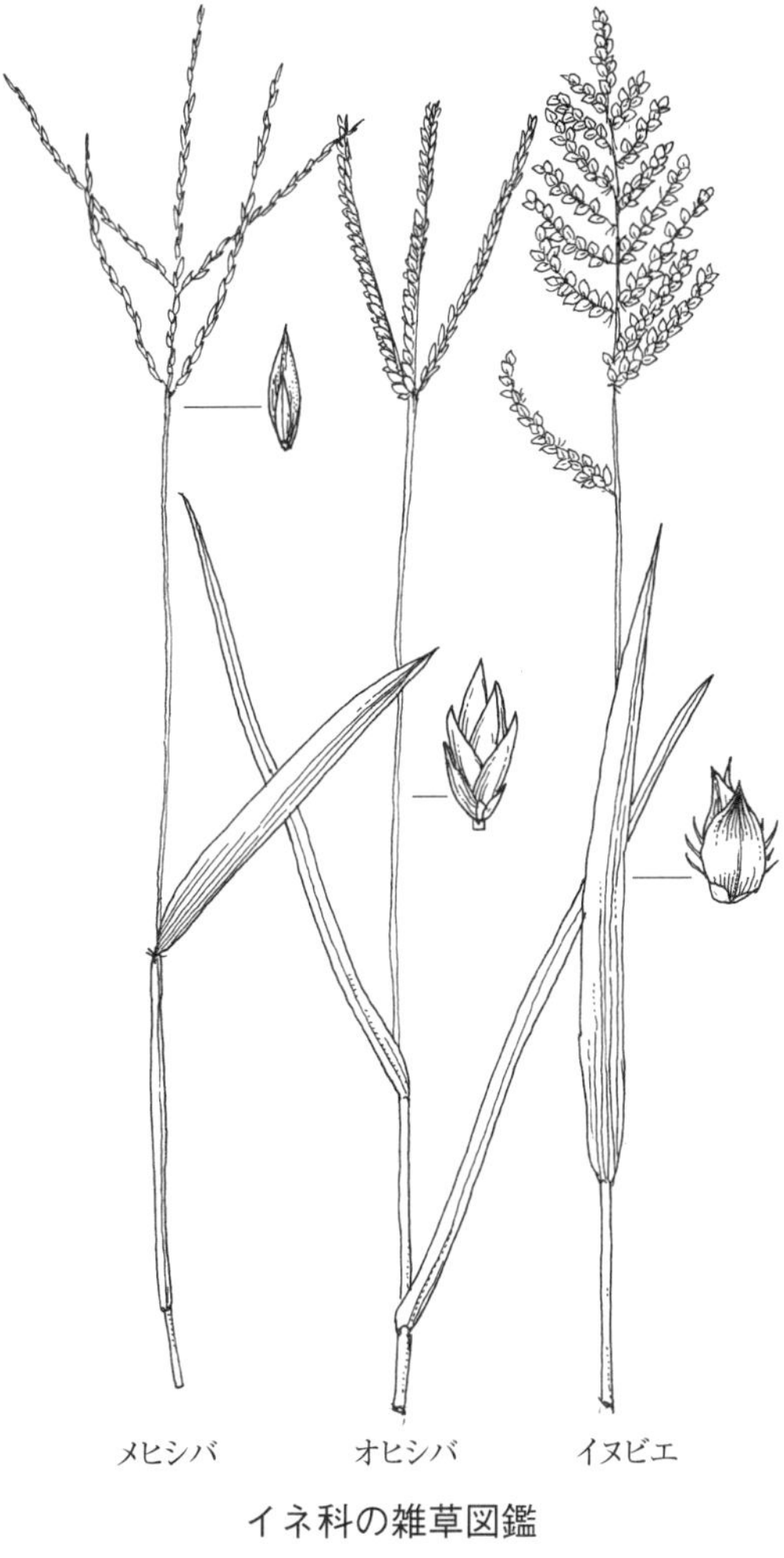

イネ科の雑草図鑑

のくらい減ってしまうのか（可食部の割合はどれほどか）といったデータをとってみるのも面白いと思います。

また、エノコログサのほかにも、ヒエの祖先になったイヌビエ（前頁の図参照）も、道路わきや収穫後の田んぼなどに群生が見られます。これも同じようにして収穫、調理をすることができます。空き地に見られるオヒシバも、雑穀の一種であるシコクビエに近縁な植物ですので、収穫して食べることができます。こんなふうに、穀物と縁の近い雑草はいくつもあります。そんな穀物の親戚探しをしてみてはいかがでしょうか。

雑草のイネ科植物の名前を調べるのは、難しい場合があるのですが、初心者向けのイネ科植物の図鑑として、『イネ科ハンドブック』（木場英久ほか、文一総合出版）が使いやすいと思います。また、雑草全般のガイドとしては、『新・雑草博士入門』（岩瀬徹ほか、全国農村教育協会）を勧めたいと思います。

こんなふうに、道ばたに生える雑草だって、見方や扱い方によって、ずいぶんとおもしろい存在に思えるものなのです。

では、さらに街中の探検を続けてみることにしましょう。

第二章 街の中

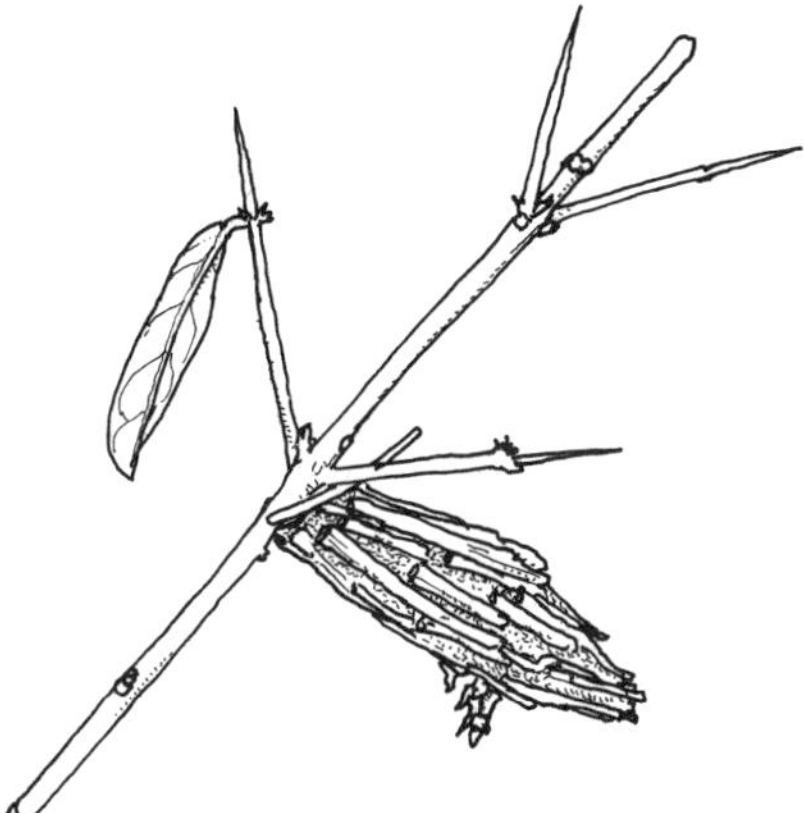

ザクロの枝についたチャミノガのミノ

1　ミノムシ

†ミノムシ・ウォッチング

本章では、街の中で見られる虫や鳥の観察について紹介します。はたして、どんな虫や鳥を、どんなふうに観察したらいいのでしょうか。

具体的な例の紹介から始めましょう。

僕が日常、通勤路として使っている交差点があります。

家を出て、最初の交差点を左折して、まっすぐに道を進むと、いつもの通勤路です。

でも、この日、僕は交差点を左折してから、さらに右折しました。なんとなれば、この日は休日で、大学に行く必要がなかったからです。かといって、どこか遠くに行くほどの時間的な余裕はありませんでした。わずか二、三時間の余裕。その時間で、普段の通勤路から少しだけ外れて、散歩に出かけてみたわけです。

すると、いつも歩く通勤路の対面の歩道に、大型のプランターに植えられたザクロの木があることに気づきました。毎日通る通勤路でも、道の反対側というだけで、見知らぬものがあったりするわけです。そのザクロに目がいったのですが、それだけだったら、一瞬のことで終わってしまったに違いありません。そしてザクロに目をやったこともすぐに忘れてしまったでしょう。

ところが、ザクロの枝にミノムシのミノがくっついているのが目に留まりました。それもしげしげとながめていたら、じつにたくさんのミノがくっついているではありませんか。さっそくミノムシ・ウォッチングを始めることにしました。

ミノムシという虫は、よく知られた虫だと思います。ただし、「ミノムシって一生、ミノムシのままなの？」という質問を受けたことがありますから、ミノムシがどんな虫なのかその正体をよく知らないという人もいると思います。ミノムシはミノガというガの仲間の幼虫です。つまりミノムシはやがて蛹《さなぎ》になり、さらには羽化して翅《はね》のある成虫となるのです。

ミノムシにも種類がたくさんあります。正確には成虫の姿を調べることできちんとした名前がわかるのですが、幼虫のつくるミノの形にも特徴があるので、代表的な種類はミノを見るだけでも見分けることができます。今回、ザクロについていたミノムシのミノの表面には、かじりとられた小枝がたくさん貼り付けられていました。ミノの大きさは二五〜

三五ミリほどです。こうしたミノをつくるのはチャミノガです。

よく見ると、枝についているミノには二つのタイプがあるのがわかります。ひとつはミノがしっかりと枝にくっついているものです。もうひとつは、枝からぶらぶらとぶらさがっているものです。一般に後者のほうが、ミノムシという言葉を聞いたときに思い浮かべられる姿でしょう。

ミノムシはミノを背負って動き回り、さまざまな植物の葉を食べてくらしています。枝からぶらぶらとさがったミノは、そうして食べ歩き生活をしている個体が、一時的に休息をしているときの状態です。一方、幼虫が蛹化《ようか》するときは、ミノを枝にしっかりとくっつけます。今回のザクロには、枝にしっかりとくっついたミノがたくさんありました。このミノの中を開いてみたら、ミノムシの蛹を見ることができるでしょうか。はたまた持って帰ってしばらくしたら、ミノムシの成虫を見ることができるでしょうか。それではミノを枝からはがして持って帰ることにしましょう。こうした「出会い」があるので、散歩に出かけるときにも、ビニール袋は必需品なのです。

この「出会い」のおかげで、ザクロとミノムシのことが気になり始めました。結局一時間ほどの家の近所の散歩で、四本のザクロが植えられていることに気づきました（こうした「出会い」がなければ、近所に何本のザクロがあるかなんて数えません）。ただし、残る三本にはまったくミノムシがついていませんでした。最初のザクロにミノムシがたくさんついていたのは「たまたま」だったようです。

†ミノの中身は?

家に戻ってからビニール袋に入れて持ち帰ったミノムシのミノの中身をのぞいてみることにします。ミノは案外丈夫です。そこでミノの中に傷をつけないように注意しながら、ミノの側面にハサミをいれ、中を確かめてみます。

ひとつめ。中に入っていたのは、蛹の殻でした。これはミノムシのメスの蛹の殻です。なぜ蛹の殻だけで、オスかメスがわかるかというと、それにはわけがあります。すべてのミノガがそうではないのですが、チャミノガの場合、蛹から羽化したメスの成虫はミノの外に出るどころか、蛹の殻からも外に出ず、一生をそこで終えるのです。チャミノガのメス成虫は翅がないどころか肢《あし》もなく、頭もはっきりしておらず、体のほとんどを太ったお腹が占めています。このお腹の中にたくさんの卵が入っています。オスの場合、羽化間際の蛹はミノの後端から飛び出します。そのあと、翅のある成虫が羽化し、このオス成虫は飛ぶことのないメスのミノを訪れて交尾します。つまりオス成虫の蛹の殻はミノから半分せり出していています。また翅のある成虫となるオスは、幼虫型のメスとは蛹の形も違っています。

翅のあるオスと交尾したメスは、蛹の殻の中にそのまま卵を産んでいきます（その分、自分の体は縮んでいきます）。ただ、ザクロで見つけたミノの蛹の殻の中には卵は入っていませんでした。もう孵化《ふか》した後のようです。つまり、枝についていたミノは、しばらく前につくられたものだったのです。

結局、ザクロで見つけた、枝にしっかりと固着していたミノのうち、メスの蛹の殻が入っていたものが九個、オスの蛹の殻がせり出していたものが一個、中が空だったものが二個（オスが羽化した後、蛹の殻がとれたものかもしれません）でした。

家に持ち帰ったミノをじっくりと見ていたら、一つのミノの表面に五ミリほどの大きさの小さなミノがくっついていました。枝に固着していたメスのミノの中から生まれた子供たちでしょう。ミノムシのメスは飛ぶことができませんから、卵から孵化した小さな幼虫が枝から糸でぶら下がり、そんな幼虫が風にとばされることで分散をしていきます。ただし、このザクロでは母親のそばからそれほど離れることなくくらし始めた幼虫も少なくないようです。となると、これから散歩の折にこのザクロを眺めると、チャミノガの生活史が追いかけられそうです。これからはたびたび、このザクロを気にして見ることにしましょう。

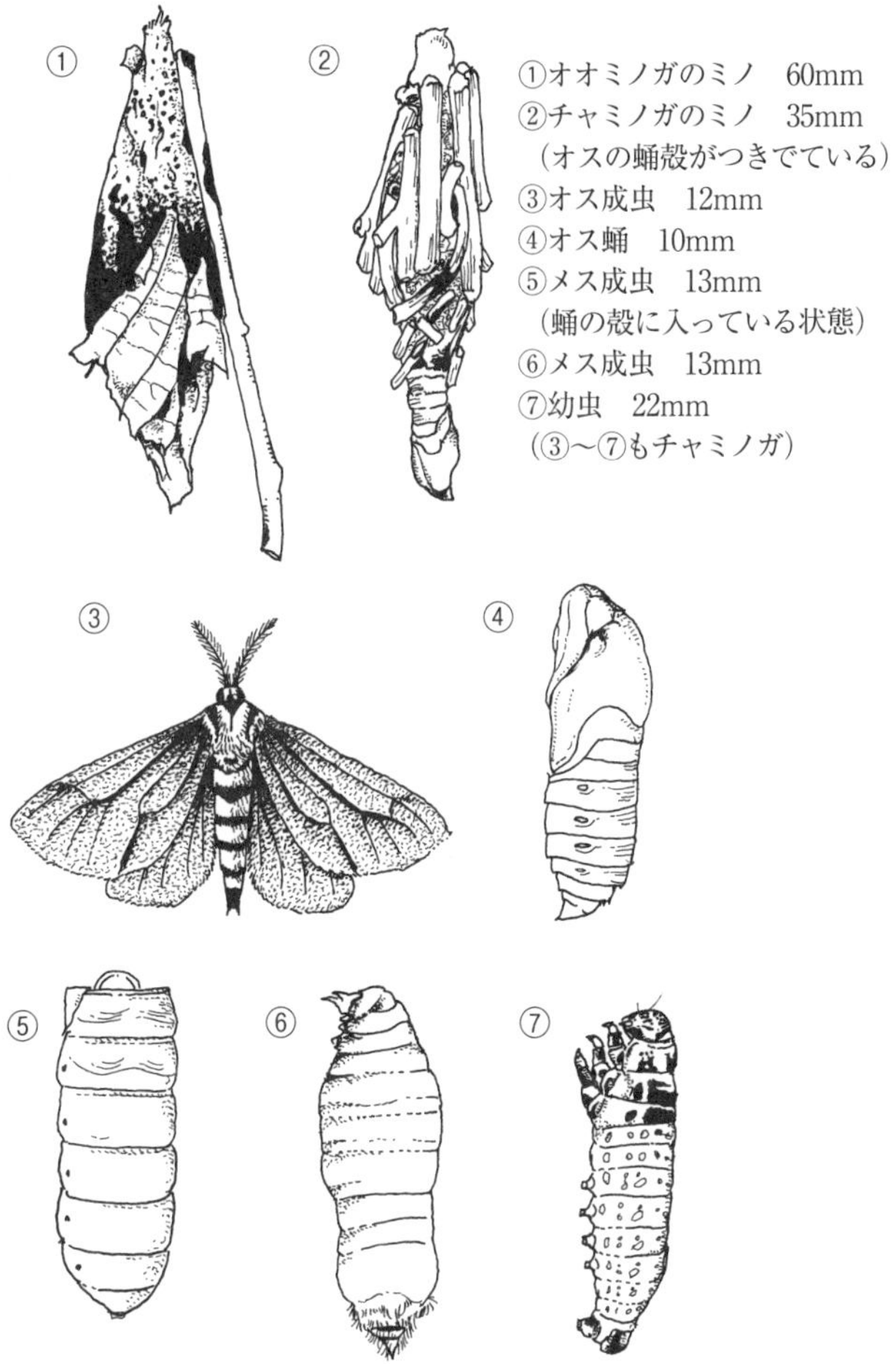
①
②
①オオミノガのミノ　60mm
②チャミノガのミノ　35mm
（オスの蛹殻がつきでている）
③オス成虫　12mm
④オス蛹　10mm
⑤メス成虫　13mm
（蛹の殻に入っている状態）
⑥メス成虫　13mm
⑦幼虫　22mm
（③～⑦もチャミノガ）
③
④
⑤
⑥
⑦

ミノムシ図鑑

面白いなと思ったのは、ザクロから見つかったのが、蛹の殻の入った大きなミノと、生まれてしばらくの小さな幼虫のつくったミノだけではなかったことです。蛹の殻の入っていたミノと同サイズ（二五ミリ）で、枝からぶら下がっているミノがあったのです。中を見てみると、体長一五ミリの幼虫が入っていました。この成長期の異なった幼虫が存在するのはいったいどういうわけなのでしょうか。これも、たびたびザクロをのぞいていくことで、謎がとけていくことになるのでしょうか。自然観察は、その場ですぐにいろいろなことがわかることばかりではありません。その日の観察でわからなかったことが、いつかどこかで何かと結びつくことがあるかもしれません。メモ帳は、その「いつか」に備えて記録を残すために必要なものです。

こんなふうに一時間の散歩と、そのあとのミノの中身調べで、すっかり二時間以上がすぎてしまいました。

ふと、何かに気づき、その出会いをきっかけに、おもしろいと思うことが出てくる。僕にとっては、自然観察というのは、そのようにして始まり、徐々にほかのこととつながっていくことといえます。

自然はいつも「そこ」にあるものです。ただ、ふだんは「それ」に気づかないだけ。

僕は常に、このフレーズをモットーにしています。つまり、自然観察に一番必要なのは、

「そこ」にあるはずの自然に気づくための視点なのです。

2 イモムシ

†未知の発見

この日、たまたまミノムシに気づいたわけですが、この気づきには、ある下敷きがありました。つまり、この場合も、ある視点をもっていたから、ミノムシに気づいたということです。

前章では、街中で見られる雑草の観察を紹介しました。そして同じように、街中で虫の観察をすることもできます。

毎日の通勤の時間に自然観察ができれば、通勤も楽しくなるし、自然観察の時間も毎日とれるしと、一石二鳥です。僕の場合、ある日、「ああ、この虫なら、通勤途中でも観察ができるんだ」ということに、ふいに気づきました。

その虫は、何だと思いますか？

通勤路にもアリはいますが、通勤途中でしゃがんでアリを見ていたら、通行する人の迷惑になりそうです。通勤路の自然観察に適した虫というのは、都市部で見られるものであることに加え、歩きながら短時間で観察ができるものに限られてしまうわけです。僕は、こうした条件にあう虫として、イモムシや毛虫、つまり、チョウやガの仲間の幼虫があるということに気づきました。というわけで、僕が通勤路で自然観察をするときの視点のひとつが、一言でいえば、イモムシ・ウォッチングなのです。ミノムシに気づいたのは、このような視点の延長でした。

街は、ほとんどコンクリートとアスファルトで固められています。しかし、街中にも雑草は生えています。さらに植栽された街路樹や人家の庭木もあります。そのような植物を利用できる昆虫なら、街中でも見ることができるわけです。イモムシたちは植食性の昆虫であるので、この条件にあてはまります。

ところで、僕は通勤路の自然観察を始めるまで、イモムシには興味がありませんでした。むしろ、嫌いな虫といってもいいほどでした。僕はチョウやトンボにもあまり興味がなく、子供のころから好きだったのは、虫の中でもカブトムシのような甲虫と呼ばれる体の硬い虫たちだったのです。イモムシのような柔らかい体の虫は、触ることさえままならないというのが正直なところでした。

ところが、気にしてみると、街中の通勤路でも結構、イモムシに出会えることがわかります。イモムシは、それなりの大きさがあります。つまり、歩きながらでも、十分目に入る大きさなのです。しかし、それまで興味がなかったこともあって、見つけたイモムシの名前がわかりません。それが、僕の好奇心を揺り動かすことになりました。

知っていると思っていた日常の中に、知らないことが含まれていたと気づくこと。未知の領域の発見こそ、自然観察のスタートなのです。

†イモムシの名前がわからないわけ

なぜ、見つけたイモムシの名前がわからなかったのでしょう。

なんとなく、「あたりまえ」のことと思えますが、このことの中に、イモムシのおもしろさが隠されているように思います。

イモムシの名前がわからないのは、もちろん、成虫であるチョウやガと、まったく姿が異なっていることに原因があります。それでも、たとえばモンシロチョウのように、キャベツ畑にモンシロチョウの成虫が舞っていて、キャベツ自体に卵やイモムシや蛹がついていれば、比較的容易に、それらをモンシロチョウという虫の各ステージであると理解することができます。ところが、道ばたで、ある日突然「わいた」かのように、イモムシだけが目に入ることがしばしばあるのです。こうなると、イモムシの専門図鑑を手にして名前を調べるか、イモムシを持ち帰って飼育し、成虫になるのを待って名前を調べるかしか、正体を明らかにする方法はありません。

今、イモムシの名前調べはさておいて、どうして、このような現象が起こるのかを考えてみたいと思います。

なぜイモムシは、突然「わく」のか。この疑問を考えていくと、「チョウやガには翅がある」という、これも「あたりまえ」のことに改めて気づきます。

ここで、ひとつ、大事なことに触れておきたいと思います。「あたりまえ」という言葉は、本書のキーワードとなっています。

「あたりまえ」の存在に改めて気づく。

「あたりまえ」が本当に「あたりまえ」かどうか疑う。

「あたりまえ」だと思っていたことがそうではないことに驚く。

以上を「あたりまえ」の三段活用と名付けたいと思います。この「あたりまえ」の三段活用こそ、自然へのあらたな視点に気づく、きっかけを生み出すものです。

話をもとに戻しましょう。街中、つまり都市というのは、自然が乏しい環境です。虫が利用できる資源は限られています。森のように木々が一面に生い茂っているわけではありません。しかも、都市というのは人間によって、たえず変化している環境です。昨日まで草原《くさはら》だったところが、今日は掘り起こされてビル工事が始まっているということも珍しくありません。しかし、翅があれば、資源の一時的な利用というのが可能になるのです。条件のいいときや、条件のいいところを探して一時的に利用する。これが、翅という移動能力を備えた虫が、都市に存在する自然資源を利用するかしこい方法ということになります。

もっとも、チョウやガによっても、移動能力には差があります。ミノムシの場合は、メスの成虫に翅がないため、小さな幼虫が、風に乗って分散していきます。そのため、あまり遠い距離を一気に移動することはできません。おそらく交差点のザクロについていたミノムシは、ザクロの苗木と一緒に交差点まで移動してきたのでしょう。一方、メスの成虫に翅がある普通のチョウやガの場合、長距離を移動して、産卵に適した植物を選んで卵を産み付けることができます。ただし、これもすべてのチョウやガが長距離を移動するわけではありません。森林環境を好むチョウやガの場合は定住性が高く、反対に、草原や林縁《りんえん》、人里や都市など開けた場所を好むチョウやガの場合は、長距離を移動する種がしばしば見られます。また、場合によっては台風などに乗って、普段はその種が見られないような場所まで移動することもあります。

ここで、注意すべき点を確認しておくと、「すべてのチョウやガが都市部を利用するわけではない」ということです。では、いったいどんなチョウやガの仲間が、よく都市部を利用するのでしょう。

✝スズメガのイモムシさがし

イモムシの観察の例として、僕が今住んでいる那覇の街中で見られるイモムシを見ていきましょう。

那覇の街中で観察してみると、スズメガの仲間の幼虫がよく見つかることに気づきました。スズメガというのは、大型のガで、飛翔能力が高く、長距離を移動する種類があることが知られています。ただ、成虫は夜行性のため、一般にはその姿になかなか気づくことがないかもしれません。一方、幼虫はしばしば目につきます。スズメガの幼虫が利用する植物には、草やつる植物の仲間が多く見られます。つまりスズメガは、街中のような開けた環境に生える植物を利用することが多いのです。スズメガの成虫は、長い距離ももとのもせずに飛び回り、開けた環境に見られる幼虫の食草を見つけ、散乱します。すなわち、スズメガは街中に棲みつくのに適した特性をもっている虫というわけです。ありがたいことに、スズメガの幼虫には、際立った特徴があります。比較的大型のイモムシになることに加え、お尻のところに細長い角状の突起がついていることです。見たときに種類がわか

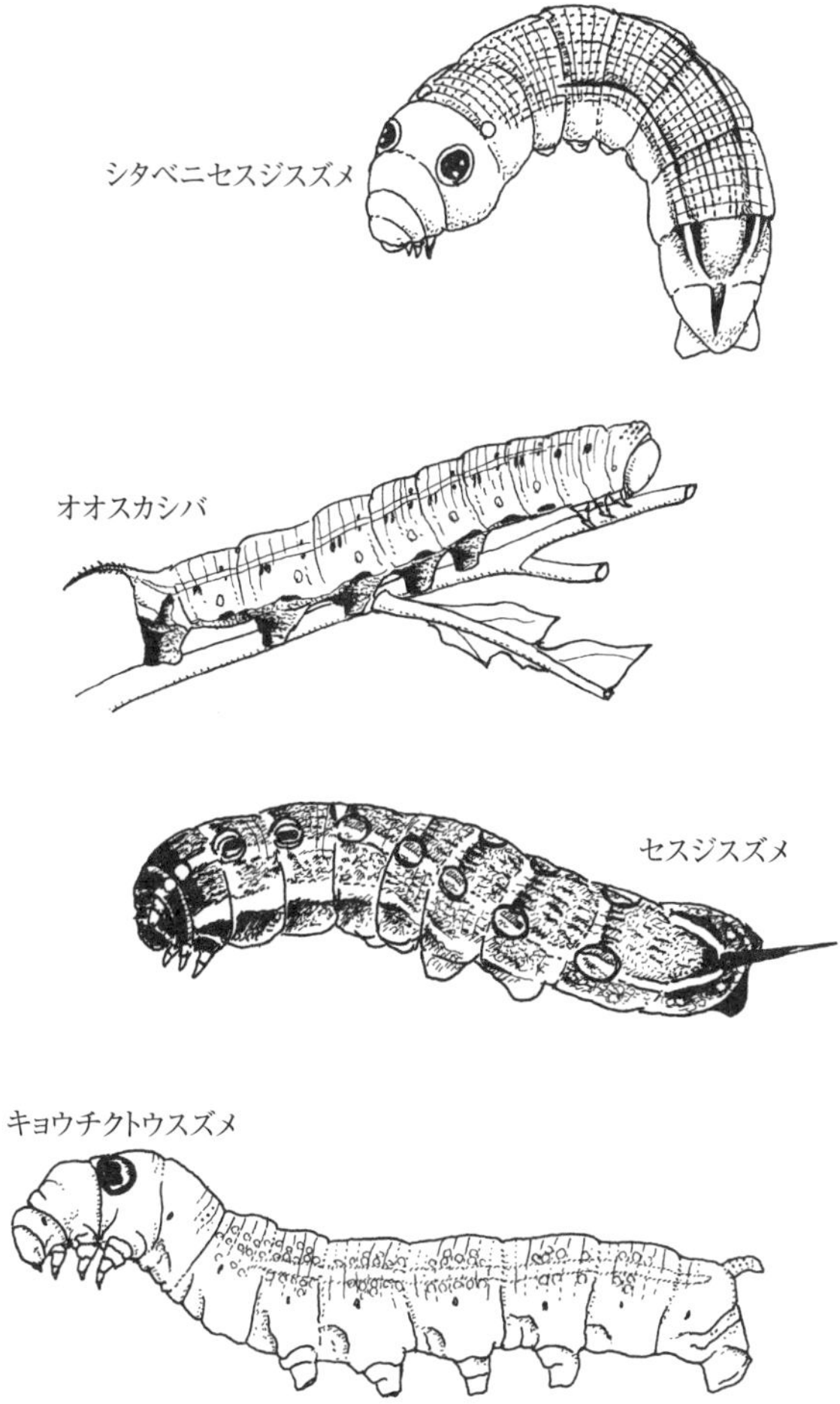

スズメガのイモムシ図鑑

らなくても、スズメガの仲間であることは一目でわかる、ということです。

イモムシ・ウォッチングをするようになって、気づいたことがあります。それはイモムシ自体だけでなく、イモムシがエサとする植物（食草といいます）についても気づくようになるということです。

通勤路で、イモムシに気づく。すると、そのイモムシの名前を知りたくなる。同時にイモムシが何を食草としていたのかにも気づく。通勤路のどこに食草があるか気づくようになる。すると、通勤路の別の場所の食草にきていたイモムシにも気づく……。こんな連鎖が始まります。

実際に、僕の通勤路で見かけるスズメガの幼虫を紹介してみましょう。

マンションわきの花壇には、さまざまな草花が植えられています。その中に、クチナシの木も植えられています。出勤途中、ふと、気づくとその葉に食べられた痕《あと》がついています。目をこらしてみると、いました。オオスカシバの幼虫がついています。オオスカシバは成虫が夜行性である種類が多いスズメガの中にあって、珍しく昼行性のガです。また、チョウやガの仲間の翅には鱗粉《りんぷん》がついているのが相場ですが、羽化時に鱗粉を落としてしまい、透明な翅をもっています。昼行性のこのガは長い口をもっていて、花の上空でホバリングをしながら、その長い口を伸ばして花の蜜を吸います。こうした行動から、埼玉の

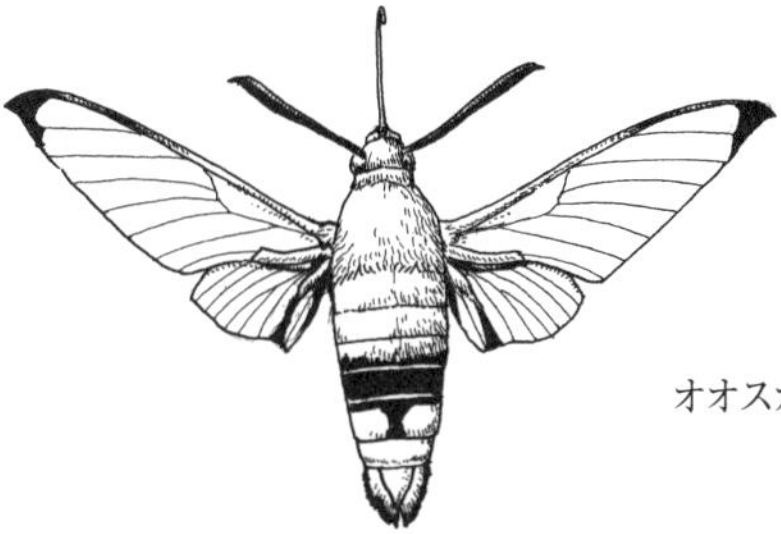

オオスカシバ

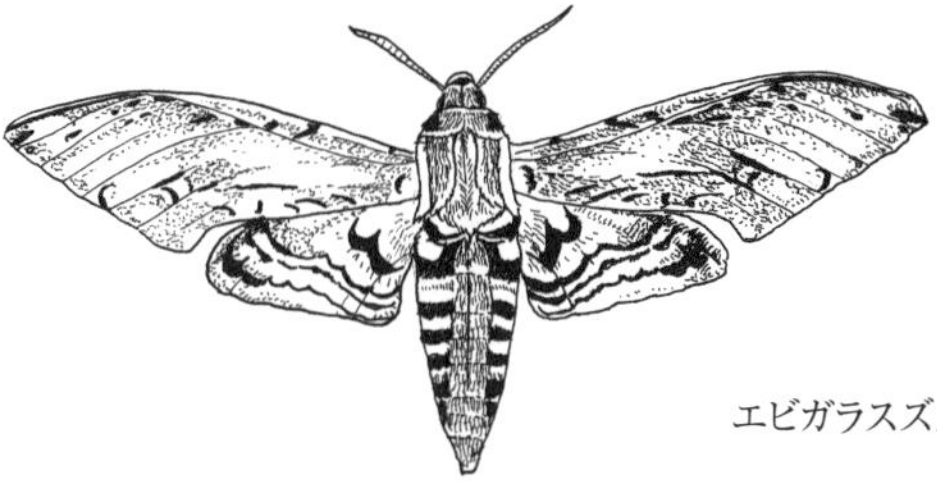

エビガラスズメ

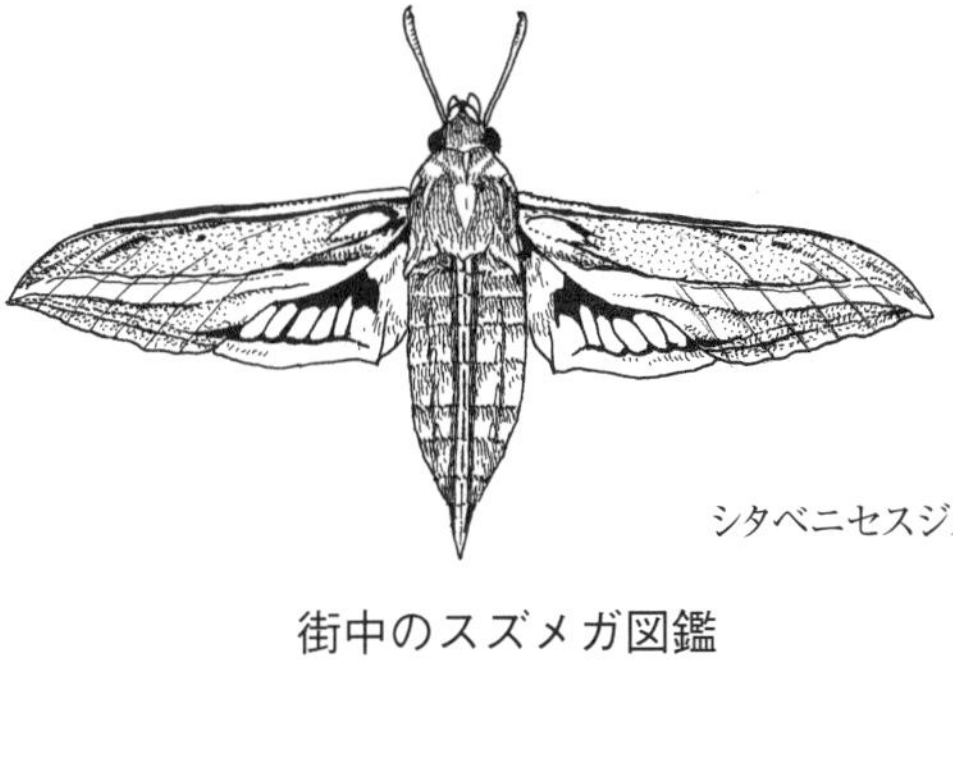

シタベニセスジスズメ

街中のスズメガ図鑑

教員時代、オオスカシバを見た生徒が「ハチドリを見た」と勘違いをする場面に何度か行き会いました。このオオスカシバの幼虫は、体色が緑色をしているので、いてもなかなか存在に気づけません。オオスカシバに限りませんが、イモムシ・ウォッチングのコツは、まず食草となる植物の存在に気づくことに加え、その植物の葉に食べられた痕があるかどうか、はたまたその植物の下にイモムシの糞が落ちていないかをチェックする癖をつけることにあります。

花壇のアフリカホウセンカの葉がかじられていたら、これはセスジスズメのイモムシのしわざです。セスジスズメの成虫は、スズメガの仲間の基本スタイルを持ち合わせています。戦闘機の中に三角翼と呼ばれる形態のものがありますが、スズメガの成虫が止まっているときの姿は、この三角翼の飛行機に似ています。もともとチョウに比べガの仲間の胴体は太いものですが、スズメガの仲間の胴体は、ガの中でも太い部類に入るでしょう。胸も大きく、すなわち飛行筋も強いため、高速で飛んだり、長距離を飛んだりすることが可能なわけです。

もっともセスジスズメの成虫は、カラーリング自体はパッとしません。ただし、このガのイモムシの、しかも若いときのカラーリングは特徴的です。真っ黒な体の節ごとに、赤や黄色の入った眼状紋《がんじょうもん》をもっているのです（ちなみに、イモムシにも眼はありますが、成虫のように大きな眼ではなく、頭部をよくよく見ると、小さな単眼がぽつぽつとついているのによやく気づくというものです）。天敵に対する脅しの意味なのでしょう、体に眼を思わせる模様をもったイモムシは少なくありません。この眼状紋の色や配置などは、イモムシの種類を見分けるときのキーになります。セスジスズメのイモムシはアフリカホウセンカだけでなく、さまざまな植物をエサとします。本土の場合だと、都市部でも見られるつる植物のヤブガラシで見ることが多いと思います。

さて、那覇の街中の僕の通勤路の道沿いには、もともと園芸植物として導入されたキョウチクトウ科のニチニチソウが雑草化しています。ピンク色をした花はなかなか美しいものですが、同時にアスファルトの隙間からも生えるたくましさを持ち合わせています。このニチニチソウに発生するのが、キョウチクトウスズメの幼虫です。キョウチクトウスズメはその名のとおり、強い毒をもつキョウチクトウの葉も食べることができるイモムシです。キョウチクトウスズメの幼虫も、小さいうちはなかなかついていることに気づかず、終齢の大型幼虫がニチニチソウの葉を食べつくすほどの状態になって、はじめてその存在に気づいたりします。

キョウチクトウスズメは、那覇の街中で見かけるスズメガの仲間のイモムシの代表といってもいいものでしょう。それは、街中でよく見つかるということに加え、緑色の体の胸部に、中心部が白く、周辺が青いという、きわめて美しい眼状紋がある、特徴的な姿をしているからです（こう書くのは、僕がずいぶんとイモムシに肩入れをするようになったからで、イモムシ嫌いの人からしたら、強烈にイヤと思う姿かもしれません）。

†イモムシを飼う

通勤路の先には、勤務先の大学があります。僕の通う大学は、住宅街の中にあり、しかも敷地が狭いため、緑地がほとんどありません。つまり、大学構内も通勤路とさほど自然環境には違いがありません。それでも、大学構内での、また違ったスズメガの幼虫との出会いがあります。

「にょろっとした、大きな虫がいる」

理科実験室で実験準備をしていた学生が、そんな声をあげたことがあります。行ってみると、実験室のドアの外に、大きなイモムシが這っています。体は茶色がかった色をしています。お尻に長い突起が突き出ているので、スズメガのイモムシであることははっきりしています。ただ、このときは種類まではわかりませんでした。

見つけたスズメガの幼虫は、植物の上ではなくて、地面を這っていました。十分、食草を食べ、これから地面にもぐって蛹化するところなのです。それなら、持ち帰って、羽化させてみることにしましょう。成虫になったら、イモムシの正体もわかるはずです。イモムシ・ウォッチングが通勤路での自然観察に適しているのは、イモムシが基本的に歩きながら目に留まる大きさをしていることに加え、もし正体のわからないイモムシがいても、とりあえず食草ごと持ち帰って飼育し、成虫にすることができるからです。

ここで、イモムシの飼い方について、少し説明をしておきましょう。

先に書いたように、外を出歩くときは、いつでもビニール袋は必携です。イモムシを見つけたら、食草と一緒に、イモムシをビニール袋にいれます。よく虫をビニール袋に入れると、「窒息しないの?」と聞かれることがあります。しかし、半日程度なら、虫が窒息することはありません。ただし、ビニール袋はよくふくらませてから閉じましょう。これは、もし持ち運びのときに何かにあたっても、イモムシの体に傷がつかないためです。ただ、雨降りの日などは、食草が濡れているので注意が必要です。高温時に、濡れた食草ごとイモムシをビニールに入れると、蒸れてしまいイモムシが死んでしまうことがあるからです。

持ち帰ったイモムシは、市販のプラスチック製の飼育ケースに入れて飼育をすればよいでしょう。食草については、立てた小さなガラス瓶に水を入れ、食草を差し込み、瓶のふたに綿をつめれば、しばらくしおれることがありません。ただし、イモムシが大きな場合などは、この方式だと、瓶が倒れてしまったりします。そのような場合は、食草の切り口を、水を含ませた綿やティッシュでくるみ、その上から小さなビニール袋をかぶせて輪ゴムでとめ、飼育ケースの底に横たえておくとよいと思います。大きくなるスズメガの終齢幼虫の場合、思っている以上のスピードで食草を食べます。そのため、イモムシを飼うには、食草がどこに生えているかを確認しておく必要があります。すぐにあらたな食草を採ってこれなそうな場合などは、食草はビニール袋に密閉し、冷蔵庫の野菜室で保管しておくとよいと思います。また、若齢の小さなイモムシの場合などは、プリンカップに食草の葉とイモムシを入れて飼うと便利です。

イモムシが十分に大きくなると、次は蛹へと変化します。このころになると、イモムシが食草に目もくれず、あちこち歩き回る姿が見られます。また、体色がそれまでのものから変化するのも目安となります。緑色をしていたキョウチクトウスズメのイモムシも、蛹化前になると、体色がどす黒く変化し、僕でも一瞬、ぎょっとしてしまいます。こうした状態のイモムシは、飼育ケースの中に土を入れておけば、その中にもぐって蛹化してくれます。土のかわりに、新聞紙をちぎったものを入れておいても蛹化してくれることがあります。理科実験室前で見つけたイモムシも、そのようにして蛹化させ、しばらく後に無事、羽化してくれました（成虫の姿を見たら、サトイモの仲間の葉を食べるシタベニセスジスズメであることがわかりました）。

こんなふうに、街中でもいろいろなスズメガの幼虫が見つかります。

†キョウチクトウスズメの観察

通勤路の自然観察には良い点があります。それは、毎日のように通るので、経時的な変化を観察、記録できるということです。

三年間にわたって、通勤路のキョウチクトウスズメのイモムシの観察をした記録を見てみましょう。観察の方法はごく簡単です。通勤路を歩きながら、道ばたのニチニチソウに注意します。特に糞が落ちていないかは、要注意です。糞が落ちていたら、立ち止まってニチニチソウをよく見て、幼虫がいるかどうかを確認します。もし、幼虫が見つかったら、ビニール袋とともに、毎日どこに行くときも持ち歩いているフィールドノートに、いつ、どこで見たかということをメモします。

さて、その観察の結果です。那覇においては、キョウチクトウスズメの幼虫は初夏ごろから見るようになります。そしてその年の暮れか、翌年の一、二月ごろにかけて、最後の幼虫を見ることになります。前者を初見日、後者を終見日として、三年間の記録を紹介します（表3）。

表3　キョウチクトウスズメ初見日・終見日

	初見日	終見日
2008年	9月6日	翌年2月2日
2009年	7月24日	同年12月12日
2010年	6月8日	同年11月16日

※ただし2009年は、初見日以前に発生の可能性が高い

この記録から、那覇においては六、七月ごろから年末・年明けにかけて、イモムシが見られるということがまずわかります。虫の中には、年一化と呼ばれる生活史を送るものがいます。これはたとえば、毎年春先に幼虫が発生して、蛹、成虫となると、翌年の春先まで幼虫を見ることがないという生活史を送る虫のことです。一方、キョウチクトウスズメの場合は、初夏から冬にかけて、何度も繰り返して幼虫を見かけます。つまり多化性（年に複数回発生が見られること）の虫であるということができます。一方で、記録からは、一月ごろから六月ごろまでの半年間、キョウチクトウスズメのイモムシを見ない期間がつづくこともわかります。なお、経時的な観察で大事なことは、この「見ていない」という記録もきちんととるということです。

この経時的な観察結果で興味深いのは、どうやら那覇においては、キョウチクトウスズメは定住していないと思われる結果になったことです。というのも、後ほどまた説明しますが、飼育結果から、キョウチクトウスズメの蛹は休眠しないこともわかったからです。日本のような温帯域でくらす生き物の場合、冬の時期をどう過ごすかは重大な問題とな

っています。虫の場合、成虫や蛹、幼虫、卵と、どのステージを選ぶかは虫それぞれですが、虫ごとに特定のステージで休眠し、越冬をするしくみが備わっています。一方、熱帯起源の虫たちは、熱帯には冬がないため、休眠というしくみを備えていません。身近な例でいうと、屋内で見られるゴキブリのうち、クロゴキブリやチャバネゴキブリといった都市部で主流となっているゴキブリたちは外来種で、休眠性を持ち合わせていません。そのため寒冷地ではこれらのゴキブリは野外で冬を越すことはできません。一方、屋内にも入り込むゴキブリのひとつに日本在来のヤマトゴキブリという種類がいますが、探してみるとこの種類は雑木林にある、マツの枯れ木の皮の下などで、幼虫のステージで越冬している姿を見ることができます。

†自然の変化に気づく

さて、キョウチクトウスズメの幼虫が蛹になった後、何日間蛹でいて、その後羽化したかという記録をとってみました（表4）。

これを見ると、寒い時期に蛹化したものは、羽化までの期間が長くなっていることがわかります。では、キョウチクトウスズメと同じように、那覇の街中で姿を見るシモフリスズメの蛹期間と比べてみましょう。シモフリスズメの場合、一一月一七日に蛹化したもの

表4　キョウチクトウスズメの蛹化日・蛹期間

	蛹化日	蛹期間
A	9月11日	11日間
B	9月28日	15日間
C	11月21日	15日間
D	2月9日	24日間

は、三月一〇日になってようやく羽化しました。つまり羽化まで一一三日かかったことになります。シモフリスズメは、蛹期間に休眠し、冬をやりすごしていたわけです。これと比べると、冬になっても蛹期間が短いままのキョウチクトウスズメには、越冬のための休眠のしくみが備わっていないことがわかります。そして、そうであるなら、冬から初夏にかけてキョウチクトウスズメのイモムシが見られないということは、この時期は、どんなステージのキョウチクトウスズメも街中にはいないだろうということが予測できます（もし、イモムシがいたら見ているはずですし、土中に蛹がいても、休眠できずに羽化してしまい、結局、羽化した成虫がニチニチソウに産卵し、イモムシを見ることになるはずです）。

観察結果がどういう意味をもつのかについては、その虫について書かれた文献の情報と合わせてみる必要もあります。

ネットで検索すると、さまざまな情報が手に入るでしょう。ただ、より正確な情報はネットに頼らず、本や雑誌に書かれたものを探してみるとよいと思います。このときCiniiという科学文献を検索できるページ（http://cinii.ac.jp）は、大変役に立ちます。ただし、雑誌に掲載された論文や報告などは、必ずしもネットで本文が読めるわけではありません。図書館に出向いたり、複写サービスを頼んだりと、文献探しは、いくらネットが発達したといっても、今もそれなりに手間暇がかかったり、苦労をしたりします。

文献を見てみるとキョウチクトウスズメは、アフリカ、インド、東南アジアにかけて分布する熱帯産のガであると書かれています。熱帯起源のガなので、休眠性を備えていないわけです。最低気温が一〇度以下になると、ほとんどの蛹は死亡したり、うまく成虫が羽化できなかったりするという報告があります。そしておもしろいことに、キョウチクトウスズメは、昔から沖縄の街中の虫ではなかったのです。キョウチクトウスズメは、日本国内では一九六〇年に奄美で初記録され、一九七六年以降、沖縄本島で毎年発生するようになったといいます。その後、九州では一九八〇年に鹿児島県で見つかりました。また本州では一九九八年に和歌山と静岡でイモムシが見つかりました。ちなみに、関東地方では、僕が二〇一〇年一〇月二七日に、実家のある千葉県館山市で民家のキ

キョウチクトウスズメ

ョウチクトウに発生していたイモムシを見つけたのが初記録です。

結局、通勤路の自然観察の結果、前述の通りキョウチクトウスズメはどうやら那覇においても、年中棲みついているわけではなく、毎年、あらたに海外から海を越えて渡ってきて、一時的に発生が見られるのではないかということがわかりました。

観察者である僕は、街中という定点にとどまっているわけですが、虫のほうから海を越えて、わざわざ僕の住む街中にやってきてくれる。街中のイモムシを見ていると、自然というのは、寄せては返す波のようにも思えてきます。自然は「そこ」にあっても気づかないものであるということを書きましたが、同時に、自然はいつも「そこ」にあるとも限らない。そんな流動性も兼ね備えているということになります。だからこそ、自然観察をすることで、自分にとって初めての発見が見出せるだけでなく、本当に、それまで誰も気づいていなかった新事実に出会うということもありうるのです。

イモムシの観察は、自分で飼育して羽化させ、なんというチョウやガの幼虫であるのかを確かめるとおもしろいのですが、飼育を行う上でも、イモムシ専門の図鑑である『イモムシハンドブック』（安田守、文一総合出版）があると大変便利です。

みなさんも、通勤・通学路など、家の周囲でスズメガのイモムシを探してみましょう。

3　鳥の観察

†那覇にカラスはいない！

あるとき、僕の大学の近所にある中学校の一年生に授業をすることになりました。街中に住んでいる中学生は、いったい、どんなふうに自然を見ているんだろう。そんなことが気になったので、「この一週間、通学途中に見た生き物って何？」という問を投げかけてみました。

その答えが、なかなか、印象的なものでした。

「犬、猫、ハト、ゴキブリ、草」

それが、生徒たちの回答だったのです。

中でも「草」という回答には、考えさせられます。植物も生き物として認知しているのはいいなと思うところです。と同時に、道ばたの雑草は、ひとまとめに「草」とされてしまう存在だということもわかります。身近な生き物は、「そこ」にあっても、なかなか気づかれないものであるということを、あらためて意識することになりました。もちろん、通学路にいる虫がゴキブリだけであるわけはありません。イモムシ・ウォッチングの例で紹介したように、街中にも様々な虫たちが見られるわけですが、生徒たちはそうした虫たちの存在にも目が向いていない、ということなのです。

でも、生徒たちのことを笑うことはできません。僕自身、身の回りの生き物に、すべて同等な視線を投げかけられているわけではありませんから。たとえば僕は、鳥に対して、あまり興味をもてないでいます。思い返してみると、通勤路でも、雑草やイモムシには目を向けても、鳥に目を向けた記憶はほとんどありません。

さて、先の中学生は、通学途中に見た鳥の名前として、ハトを挙げてくれました。ここに挙げられた鳥の名が、カラスではないということに、違和感を覚えた人はいないでしょうか。

実は那覇には、カラスがほとんどいないのです。だから、生徒たちはカラスではなく、ハトの名を挙げたのです。これが、東京や大阪の中学生だったら、ハトだけでなく、カラスの名も挙げたのではないでしょうか。

†どんな鳥が「普通」なの?

ところが、この「那覇にはカラスはいない」というのは、過去の話になるかもしれません。僕が那覇に移住した一六年前は、確かにそうだったのですが、最近は少しずつカラスを見るようになってきています（ちなみに沖縄島北部の森林地帯には、もともとハシブトガラスが棲みついています）。つい最近、家の近所でカラスの声を聴くに及んで、今のうちに記録を残しておかなくてはと、ようやく思い立ちました。そこで、通勤途中に目にした鳥の名をノートにメモすることを始めました。やってみると、通勤路だけで、本当にたくさんの鳥に出会うことに気づきました。もちろん、街中なので見かける鳥の種類は限られます。このことは逆に、僕のように初心者のバード・ウォッチャーにとってはたいへんありがたいことです。正体のわからない鳥に出会う可能性があまりないからです。そして、記録をとってみると、日によって記録される鳥の種類や数に変動があることがわかります。なにより、漠然

表5　那覇の通勤路における目撃鳥類（全27日分）

種類	出現日数	出現頻度	目撃のべ個体数
キジバト	26日	96.3%	138羽
メジロ	25日	92.6%	66羽
ヒヨドリ	24日	88.9%	92羽
イソヒヨドリ	21日	77.8%	52羽
シロガシラ	15日	55.6%	29羽
リュウキュウツバメ	7日	25.9%	15羽
ハシブトガラス	7日	25.9%	8羽
ドバト	6日	22.2%	14羽
ツミ	3日	11.1%	3羽
コサギ	1日	3.7%	2羽
スズメ	1日	3.7%	1羽

としか感じていなかったことが、きちんと数値としてあらわれます（表5）。

この観察結果からすると、中学生たちがハトの名前を挙げたことは妥当だったといえます。また、そのハトは、キジバトであるということになります。また、カラスも一定程度、姿が見られるようになっていることもわかります（ただし、目撃されるのはどうやら同じペアか、そのうちのどちらかのようでした）。この記録をとるまで気づいていなかったのですが、那覇の僕の通勤路には、ほとんどスズメが見当たらないということもわかりました。

僕が通勤するのにかかる三〇分という時間を基準にして、上京した折に池袋の街中を歩いて鳥を見てみたら、あたりまえのように、カラスとスズメが目に入りました。このことからすると、同じ街中といえども、那覇は特異ということになります。

でも、本当に那覇が「変」で、東京が「普通」なのでしょうか。

カラスの研究者である松原始さんにお会いしたら、世界的にいうと、街中にカラスが普通にいるのは、決して普通ではないということでした。まだ、チャンスがないのですが、海外旅行に行った際には、都市部でカラスをどのくらいの頻度で目にするのか気にしてみたいと思います。

みなさんの街では、たとえば三〇分歩き回ったら、どんな鳥がどのくらい目につきますか？　ひょっとすると、それは、案外街ごとに違っているのではないでしょうか。気をつ

街中の鳥図鑑（那覇）

けて見てみると、鳥に限らず、街中で目にする雑草や、虫にも、街ごとに「個性」のようなものがありそうです。こんなことが気になりだすと、通勤・通学にせよ、散歩にせよ、街を歩くのが断然、面白くなります。


自然はいつも「そこ」にある。ただし、「それ」と気づかない。

身近な「あたりまえ」は、いつでもどこでも「あたりまえ」ではない。


これらのことを、ここで再度、確認したいと思います。

ここまでは、通勤路や街中といった場所の、身近な自然の見方を具体的に紹介してきました。

次章では、街の中でも、より生き物たちが見つかりそうな公園に足を延ばしてみることにしましょう。そこでも、なにか「あたりまえ」だと思っていたことが、じつは「あたりまえ」ではなかったと気づくことがありそうです。

第三章

公園

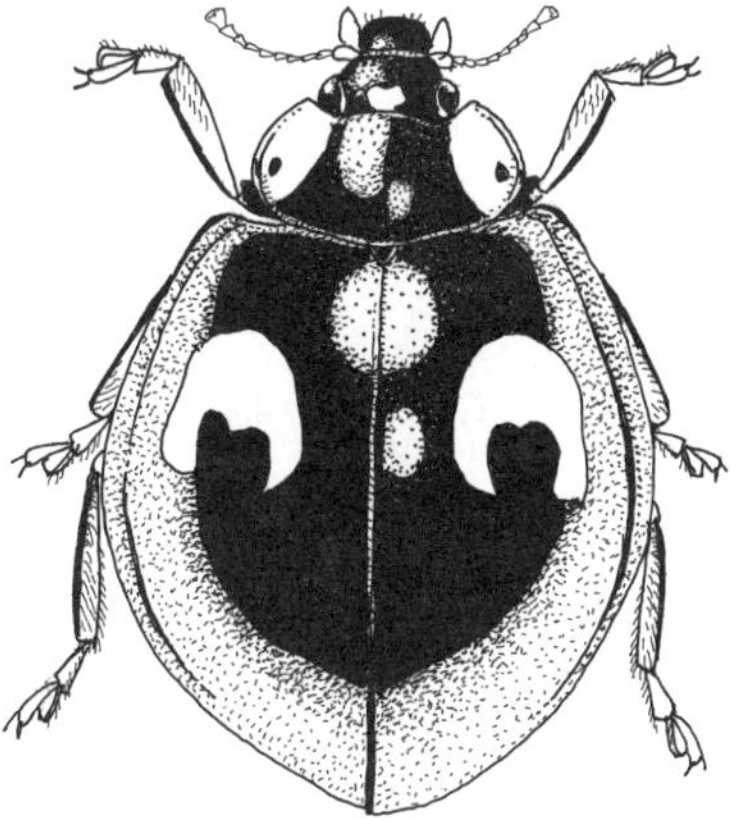

ナミテントウ

1　セミ

†沖縄にミンミンゼミはいない

本章では、公園を舞台にして、主に虫たちをとりあげながら、植物との関係性をさぐる観察例を紹介します。

公園にもいろいろあります。広々とした芝生のある公園、いろいろな遊具のある公園、森のある公園、池のある公園……。ただ、どんな公園にも少なからず、木は植えられているると思います。そして、夏ともなれば、木にとまったセミを目当てにやってきた、虫捕り網をもった子供の姿も見かけるのではないでしょうか。ところで、身近な「あたりまえ」は、いつでもどこでも「あたりまえ」ではないということを、前章で確認しました。では、身近にある公園で見かけるセミには、どんなあたりまえでないことが潜んでいるのでしょう。

僕の住んでいる沖縄で、子供たちに向かって「セミの鳴き声といったら？」と聞いてみると、たいてい「ミーン、ミーン」という答えが返ってきます。最初、このことに気づいたときは、結構、驚きました。なぜかというと、沖縄にはミンミンゼミがいないからです。沖縄にはいないはずのセミの鳴き声が、なぜ、セミの声の代表とされているのでしょう。それはやはり、テレビなどの影響でしょう。実際には、那覇の街中では、聞こえてくるセミの声は、圧倒的に「シャア、シャア」という、クマゼミのものです。

一方、池袋の妻の実家に夏に行くと、朝から「ミーン、ミーン」というセミの鳴き声が聞こえてきます。このように、街中で聞こえるセミの声は、地域によって、「あたりまえ」が異なっているわけです。そして、そのことを、もっとはっきり分かる形にしたのが、研究当時、大阪市立大学におられた沼田英治さんと大阪自然史博物館の初宿成彦《しやけしげひこ》さんの研究です。お二人の研究結果は本（『都会にすむセミたち』）になっているので、詳しくはそちらを見ていただけたらと思います。

†セミの抜け殻に注目

沼田さんと初宿さんの調査のおもしろいところは、セミの抜け殻調査という、誰でも思い立てばできる方法をとっていることです。

手元にある図鑑（『フィールド版　セミと仲間の図鑑』）を見ると、日本には三五種のセミがいるとされています。ただし、そのうち、街中で見かけるセミはそれほど種類が多くありません。クマゼミ、アブラゼミ、ニイニイゼミ、ツクツクボウシ、ヒグラシ、アブラゼミ（沖縄ではアブラゼミに代わってリュウキュウアブラゼミ）、ミンミンゼミといったところが街中でも見ることのできる主なセミです。

よく知られているように、セミの幼虫は土中で木の根にとりつき、樹液を吸って成長します。十分に成長した幼虫は、地上に姿を現し、脱皮をして成虫となります。この幼虫の抜け殻は、だれしも見知っているものではないでしょうか。抜け殻は種類によって特徴が異なります。そのため、この抜け殻を調査することによって、調査地域で、どのくらい、どんな種類のセミが発生したかを知ることができるわけです。

沼田さん、初宿さんの採用した方法は「七五分間歩き回って、見つけることのできた抜け殻を全部集めて、種類を見分け集計する」という方法です。何かを比較する場合、単位を決める必要がありますね（街中の鳥の観察の場合、僕は通勤にかかる三〇分の間に見ることのできる鳥の種類と数を観察の基準にしていました）。この方法なら、みなさんも、すぐにまねができると思います（七五分が長すぎると思った場合は、三〇分なら三〇分と決めたらいいでしょう）。

『都会にすむセミたち』で紹介されている結果をいくつか引用すると、次のようになりま

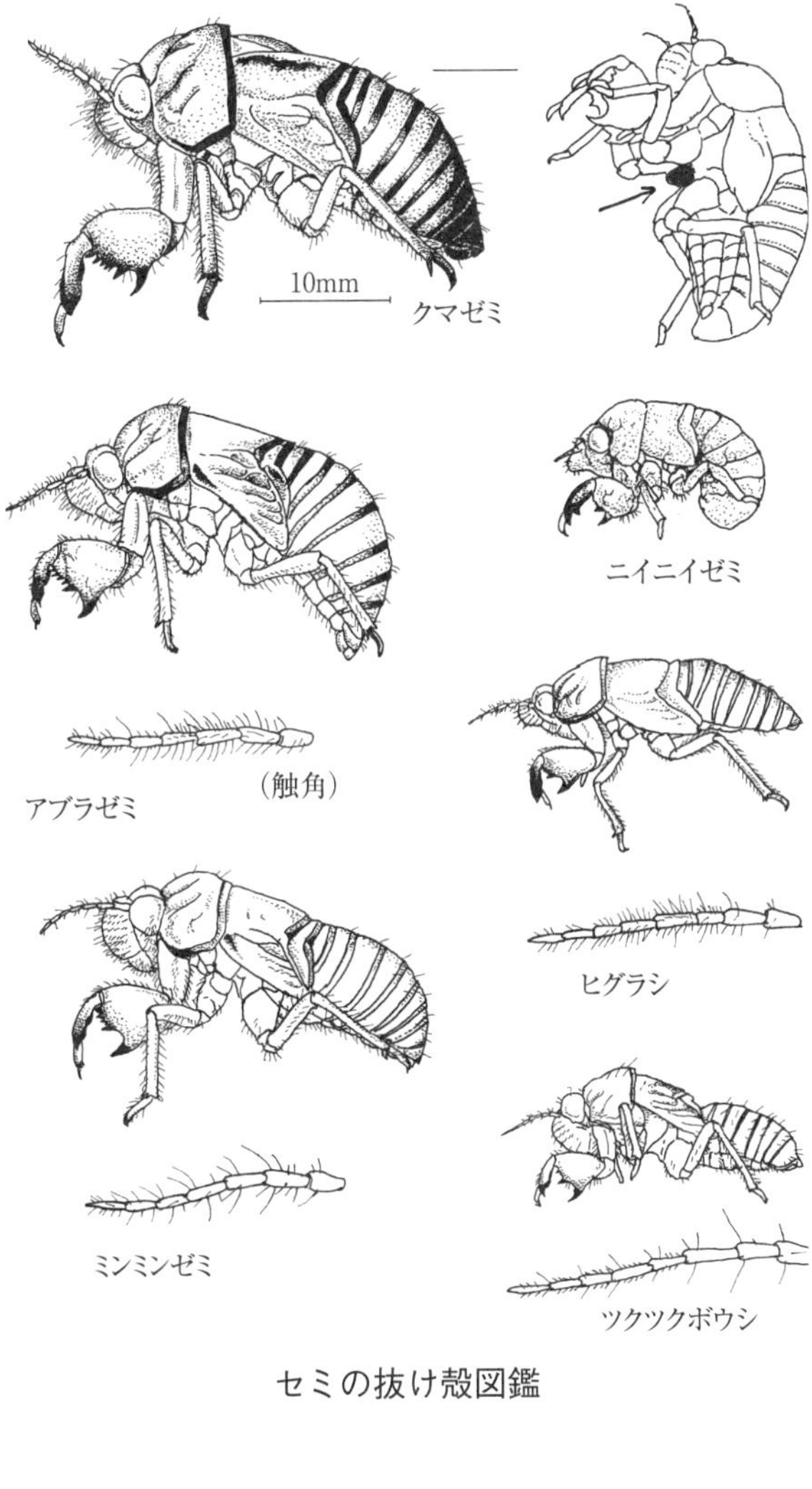

セミの抜け殻図鑑

表6　街中で見つかるセミの抜け殻のチェック表

小型

丸くて小さい（泥がついていることが多い）→**ニイニイゼミ**

細長くてきゃしゃ→**ツクツクボウシ**

※ただし、よく似ているものに、ヒグラシの抜け殻がある。ヒグラシは、街中ではあまり見られず、山の手にある公園などで見つかる。

ツクツクボウシ→触角の4節目が3節目よりも短い

ヒグラシ→触角の4節目が3節目よりも長い

大型

がっしりして中胸の腹面に突起がある→**クマゼミ**

クマゼミに比べるときゃしゃ。腹面に突起がない

→触角に毛が多い→**アブラゼミ**

→触角に毛が少ない→**ミンミンゼミ**

す。

大阪市内にある長居公園では、七五分間で合計九九五個の抜け殻が見つかり、そのうちの九九パーセント以上がクマゼミでした。

東京のお台場海浜公園では三一〇個の抜け殻が見つかり、そのうち一番多かったのがアブラゼミの七四パーセント。続いて多かったのがミンミンゼミの二五パーセントでした。

この二例を比較するだけで、街中の公園で見つかるセミの抜け殻に、大きな違いがあることがわかりますね。では、ほかの地域の公園ではどうなのでしょう？　みなさんも、まずは、身近な公園で、抜け殻から、セミの種類を見分けてみることから始めてみてはどうでしょうか。

2　テントウムシ

†テントウムシってどんな虫？

街中の公園でよく見る虫のひとつに、テントウムシの仲間もいます。テントウムシは、虫嫌いの学生にも「うけ」がいい虫です。「きれいだし、かわいい」と。

好き、嫌いを別として、テントウムシを知らない人はいないでしょう。では、テントウムシの背中には点がいくつあるでしょう。

七つ？　本当に？

テントウムシにもいろいろ種類があります。しかも一般に思われている以上に種類があります。世界には五〇〇〇種ほどのテントウムシが存在し、日本だけでも約一八〇種ものテントウムシ科の昆虫が記録されているのです。ですから、背中の点の数は種類によって、いろいろというのが正解です（ただし、一八〇種のうち、一〇〇種以上は、体長数ミリほどしかない、ごく小型の種類です）。テントウムシには、たくさんの種類がいますが、小型の種類をのぞけば、みんな一目でテントウムシとわかります。それはいったいなぜでしょう。

理由は「おいしくない」から。

一度、生のままテントウムシを口に入れてかじってみたことがあります。その後、一五分ほど、口中に苦みが残り、不快でした。テントウムシは苦みやくさみのある体液を出します。もちろん、捕食者への対抗策です。そして、そんな対抗策があることをアピールする意味で、みんな、一目でテントウムシとわかる「なり」をしているのです。

昆虫やクモの中には、こうしたテントウムシの衣装を真似するものもあります。いわゆる擬態です。テントウムシの姿に化けることで、捕食をまぬがれる、というしくみです。なんと、外国産のゴキブリの中にも、テントウムシそっくりのものがいます。つまり、テントウムシはゴキブリに真似されるほど、天敵に嫌われている虫であるわけです。

ここにも、「あたりまえ」と思っていたことがひっくり返る視点があります。どうやらテントウムシは、身近で見ることができるだけでなく、ずいぶんとおもしろい虫なのではないでしょうか。

観察を始める前に、もう少し、テントウムシがどのような虫であるのか、確認をしておきましょう。

テントウムシは、どんなものを食べているのでしょう。

テントウムシの食性は、大きく分けて三つあります。一つはアブラムシやカイガラムシなど、ほかの昆虫をエサにしているものです。ほかに、菌類を食べるものと、植物の葉を食べるものがいます。先ほど述べた通り、日本では約一八〇種のテントウムシ科の昆虫が記録されていますが、菌類をエサとするものは四種ほど、植物の葉を食べるものは十数種が知られています。すなわち、テントウムシのほとんどは、ほかの昆虫をエサとしているということになります。

実際に観察を始めてみると、街中の公園のほうが、山の中よりも、テントウムシは観察しやすいとさえいえそうだと思いました。その理由が、このテントウムシの食性とかかわっています。

街中の公園には、案外、いろいろな種類の植物が植えられています。そして、テントウムシは植物によって、見ることのできる種類が異なっているのです。見つけることのできる植物の種類が多いと、街中の公園で見つけることのできるテントウムシも種類が多くなるというわけです。また、公園には目の高さぐらいの植木も多いので、テントウムシを探しやすいということもあります。

†キョウチクトウでテントウムシを探してみよう

でも、テントウムシには肉食のものが多いのに、植物によって見つけられるテントウムシの種類に違いがあるのはなぜなのでしょう。

これは、テントウムシのエサに理由があります。肉食のテントウムシがエサにしているのは、主に、アブラムシやカイガラムシ、コナジラミといった、いずれも植物の汁を吸って生きている半翅類《はんし》(カメムシやセミと同じ仲間の昆虫類)たちです。

ところで、動くことのできない植物は、虫たちに、一方的に汁を吸われたり、葉をかじられたりしているわけではありません。植物は、植食性の生き物たちから、身を守る方法として、大きく二つの防御方法を選んでいます。

物理的防御……植物体を硬くする、毛や刺をはやすなど。
化学的防御……体内に毒として働く成分や、忌避的に働く成分を含むなど。

さて、有毒成分をもつ植物を食べるためには、有毒成分に対する抵抗性が必要です。ひいては、その植物を食べる昆虫はスペシャリスト化していく傾向があります。これは葉を食べる動物だけではなく、植物の汁を吸うアブラムシやカイガラムシも同じです。

さらに考えてみることにしましょう。たとえば有毒な成分を含む植物の汁を吸うアブラムシは、体内にその植物の有毒成分を蓄えている可能性があります。すると、そんなアブラムシを食べることができる昆虫にも、その成分に対する抵抗性が必要ということになりそうです。

実際、ヘクソカズラという植物と、それにつくアブラムシで、そのような関係が知られています。ヘクソカズラは第一章の銀座の雑草リスト（表1）にも登場しているように、街中でも見かけるつる植物です。名前の由来は、ヘクソカズラのつるや葉をつまんでみるとすぐにわかると思います。何ともいえない、青臭いイヤなにおいがしてくるはずです。ヘクソカズラの汁を吸うヘクソカズラヒゲナガアブラムシは、ヘクソカズラの成分に抵抗性があるだけでなく、体の中に取り込みます。そして、試しに飼育下でナミテントウやダンダラテントウの幼虫に、このアブラムシを与えてみたところ、幼虫はすべて死んでしまったという報告があります。ヘクソカズラのアブラムシがもつ毒成分に対し、すべての種類かどうかまではわかりませんが、多くのテントウムシは抵抗性を獲得できていないようです。

その一方、有毒植物のひとつ、キョウチクトウにつくキョウチクトウアブラムシでは、ナミテントウの幼虫は食べることはできなくても、ダンダラテントウの幼虫は食べることができるという研究成果が発表されています。この場合は、テントウムシの種類によって、食べることのできるアブラムシに違いがあるということになります。

みなさんの身近にある公園にキョウチクトウが植えられていませんか？　もし植えられていたら、初夏、新芽が伸びだした頃に観察してみましょう。新芽に黄色いアブラムシがたかっていることがあります。この目立つ色のアブラムシこそ、有毒成分を体に蓄えたキョウチクトウアブラムシです。では、アブラムシの近所に、テントウムシはいるでしょうか。いるとしたら、何という名前のテントウムシでしょうか。ぜひ確かめてみましょう。

†テントウムシのひそかな敵は？

さらに、肉食のテントウムシの場合、アブラムシを通じた植物との関わりだけでなく、ほかの種類のテントウムシとの関係が「生き死に」に、大きく関わります。

テントウムシは肉食です。ですので、アブラムシだけでなく、他種のテントウムシの幼虫も、捕食することがあるのです。

テントウムシの中でもナミテントウは、街中などでも見かける、名のとおり「並＝普通」のテントウムシです。ところが、この「並」なテントウムシは、攻撃性が「並」では

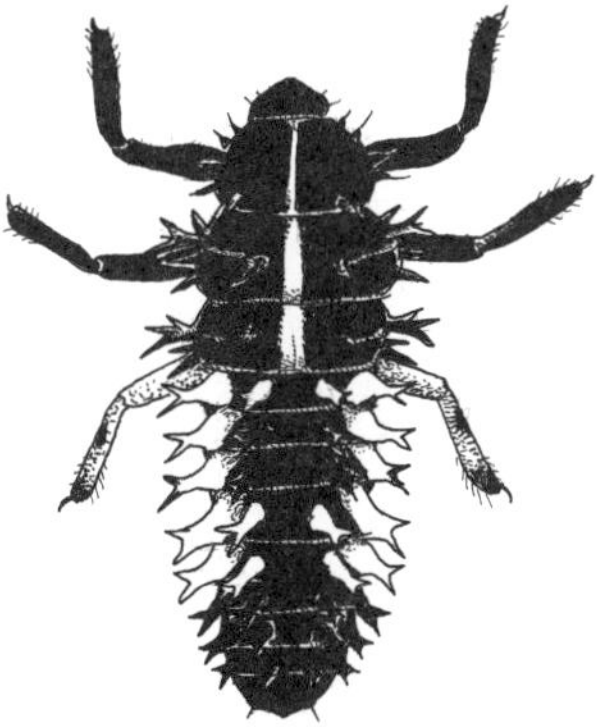

ナミテントウ

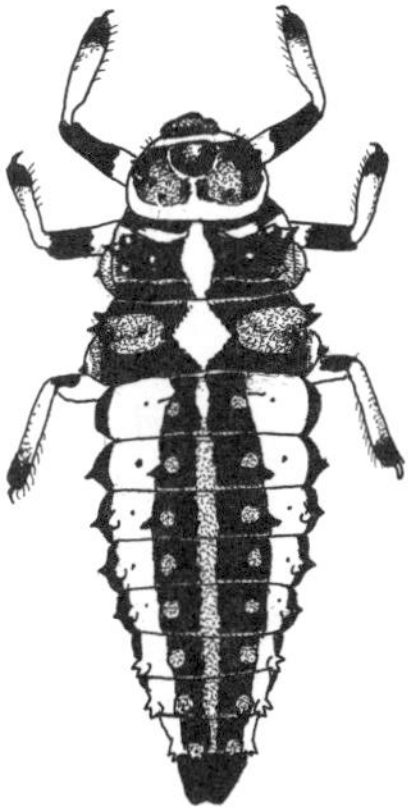

クリサキテントウ

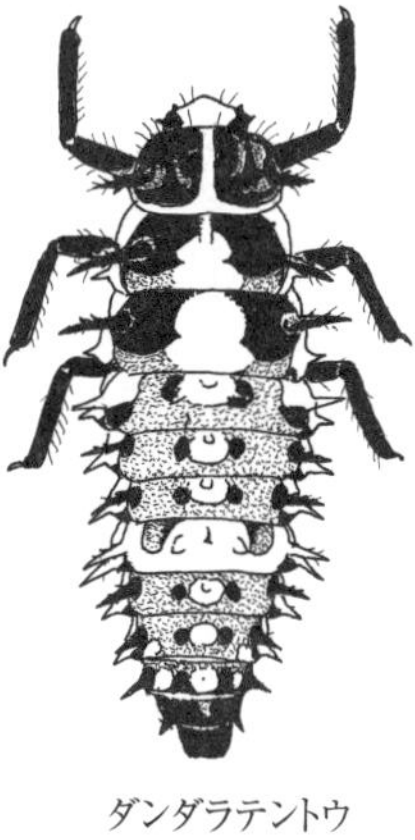

ダンダラテントウ

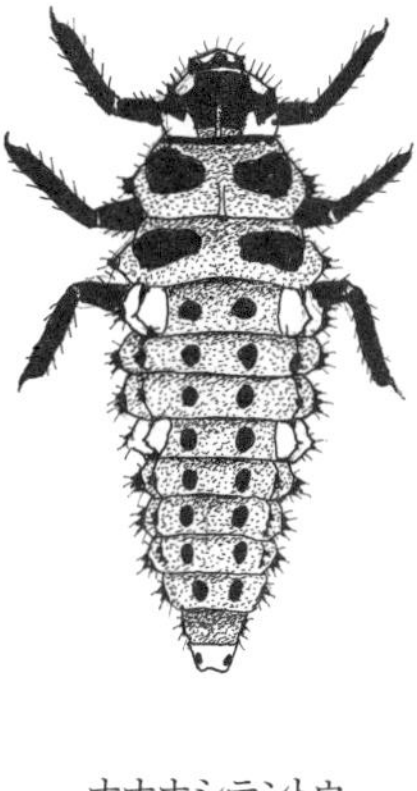

ナナホシテントウ

テントウムシの幼虫図鑑

ありません。アブラムシに対してだけでなく、他のテントウムシに対してもきわめて攻撃的なのです。

捕食性の高いナミテントウは栽培植物につくアブラムシへの防除効果が高いので、害虫の天敵として海外に移出されています。ところが、その移出先で予想されていなかった問題がおきました。それは、在来のテントウムシを減少させるという影響です。そのため、近年、全世界的にナミテントウの移入は問題視されています。

日本の場合、ナミテントウはもともと国内に棲んでいた在来種です。そのナミテントウの存在が、他の種類のテントウムシの食性を制限している可能性が指摘されています。つまり、攻撃的なナミテントウが、好みのアブラムシをエサとする場合、より劣位のテントウムシは、より好みではないアブラムシをエサとしているのではないかということです。

以上のように、その地域の環境（気温等）に加え、その植物のもつ固有成分の違い、アブラムシ体内の植物由来の固有成分、アブラムシ体内の成分へのテントウムシの抵抗性の違い、テントウムシの種類間の攻撃性の違い……などがあわさって、植物ごとに見られるテントウムシに違いが出るということになります。

テントウムシはそれほど珍しい虫ではありません。ですが、なぜその種類のテントウムシがそこにいるのか？　というのは、なかなか、奥が深い問題なのです。

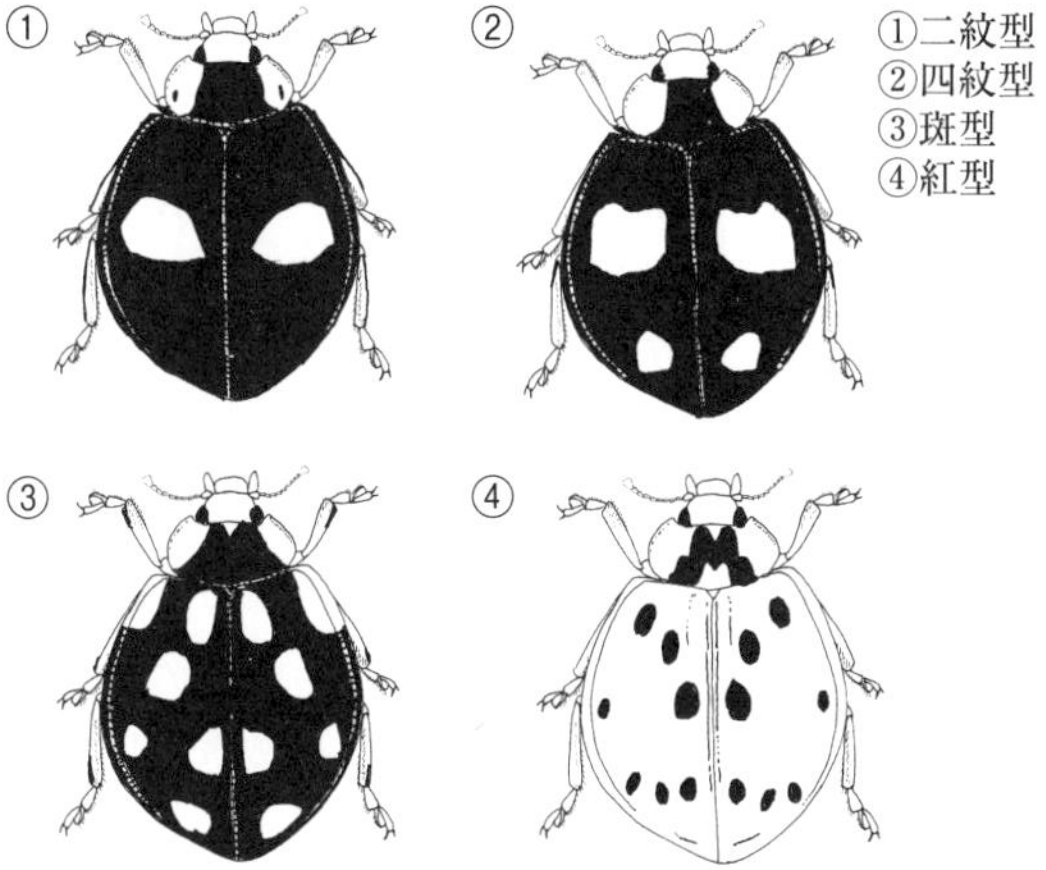

ナミテントウの斑紋図鑑

では、ここで紹介をした、普通種ながら「最強」のナミテントウを探してみましょう。一番探しやすい季節は、新芽が伸びる、春から初夏にかけてです。身近な公園では、どんな植物の上にナミテントウが見つかるでしょうか。またナミテントウは、同じナミテントウという種類の中に、二紋型、四紋型、斑《まだら》型、紅型の四つの斑紋タイプが知られています（地域によって、どのタイプが多いかが異なります）。本書のイラストを見ながら、斑紋違いのナミテントウを見分けられるようにしてみましょう。

東京の公園のテントウムシ

実際に、街中の公園にテントウムシ・ウォッチングに出かけた場合、どのようなテ

表7　テントウムシが見つかった植物
（東京・夢の島公園）

テントウムシの種類	見つかった植物
ナナホシテントウ	カラスノエンドウ
ナミテントウ	シャリンバイ
アカホシテントウ	トベラ
ダンダラテントウ	キョウチクトウ
クリサキテントウ	アカマツ
オオニジュウヤホシテントウ	ワルナスビ
ムツキボシテントウ	アカマツ
ベダリアテントウ	ソテツ
ムーアシロホシテントウ	植物不明
キイロテントウ	植物不明

ントウムシが見つかるでしょうか。いろいろなテントウムシを探すには、さまざまな木が植えられた公園に行くことがポイントです。都市部の公園で見られるテントウムシの例として、まず、東京・夢の島公園での観察を取り上げてみましょう。

東京駅から京葉線に乗って一五分ほど。新木場駅で降りて徒歩五分で東京の埋め立て地に作られた、夢の島公園に到着です。夢の島といえば、かつてはゴミの最終処分場として有名な場所でしたが、現在は広い運動場や植物園もある、緑豊かな公園として整備されています。夢の島公園には、ユーカリなどの外来の樹木も植えられていますが、マテバシイやシャリンバイなどの在来植物も、数多く植えられています。

二年ほどの間、機会を見つけて通った夢の島公園で観察できたテントウムシと、そのテントウムシが見つかった植物のリストは表7のようになります。

夢の島公園からは、合計一〇種のテントウムシが見つかったことになります。どうでし

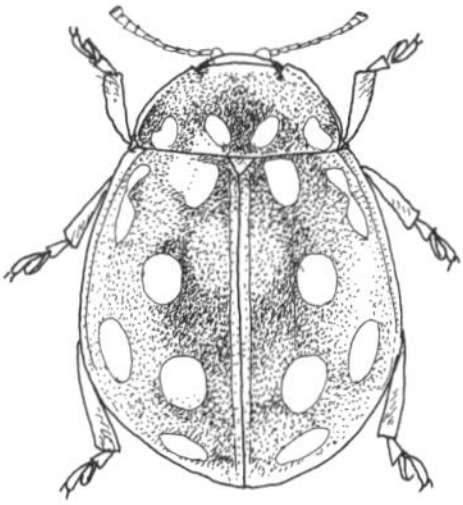

ムーアシロホシテントウ（東京）

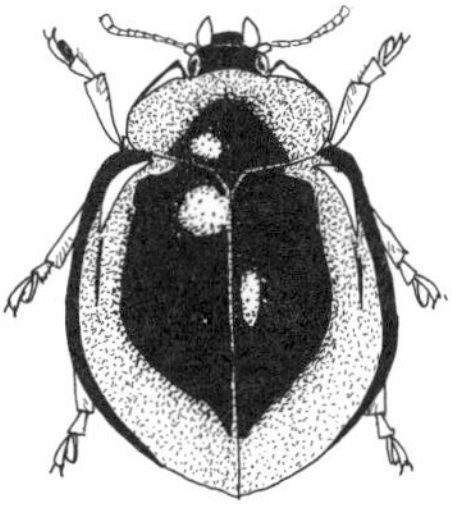

ダンダラテントウ（東京）

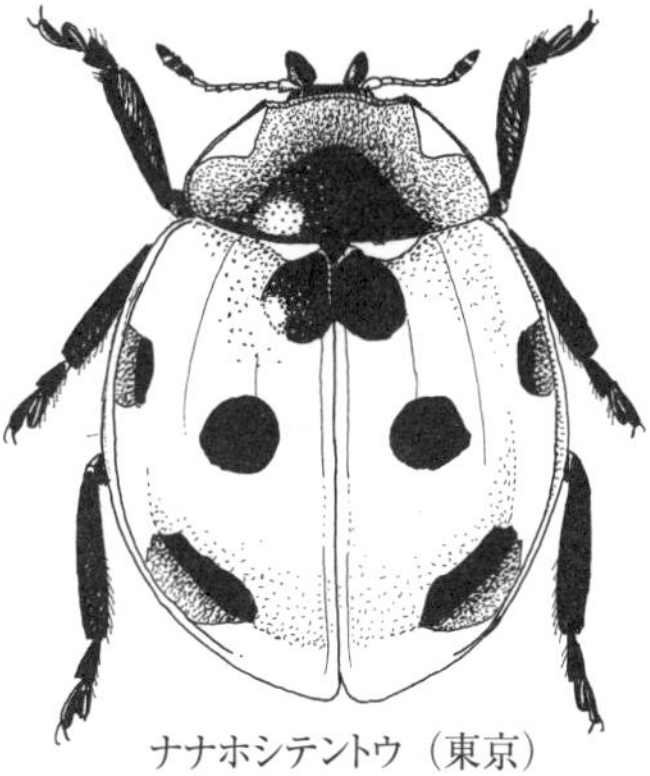

ナナホシテントウ（東京）

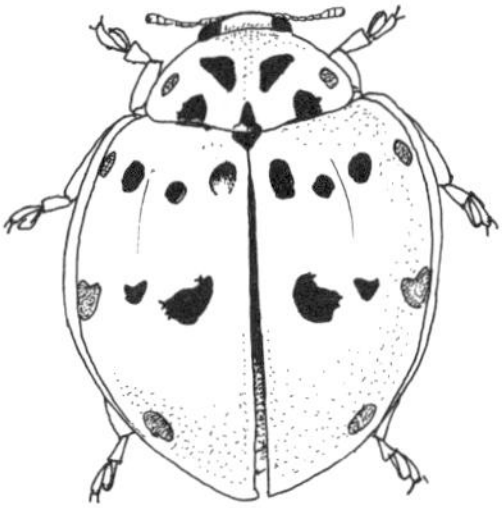

ハイイロテントウ（沖縄）

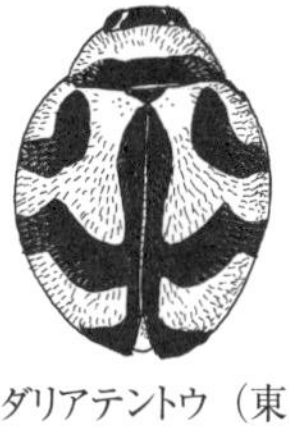

ベダリアテントウ（東京）

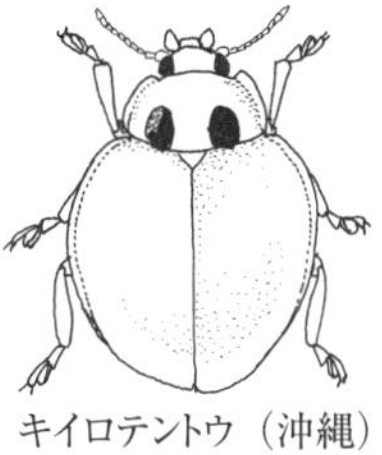

キイロテントウ（沖縄）

公園のテントウムシ図鑑（その１）

ょう。たった一か所の公園でも、思っていた以上に、いろいろな種類のテントウムシが見つかるものだと思いませんか？　じつは、僕自身も、観察をしてみるまで、夢の島公園から、こんなにたくさんの種類のテントウムシが見つかるとは思っていませんでした。また、この表からは、やはり、植物ごとに、見られるテントウムシに違いがあることがわかります。さて、セミの場合、地域によって、見ることのできる種類に違いがありました。テントウムシでもそのような違いが見られるのでしょうか。

沖縄の公園のテントウムシ

夢の島公園での観察と比較するため、僕の住まいのある、沖縄県那覇市の街中にある末吉公園での観察例を紹介しましょう。

那覇の街中には、空港から首里に向かってモノレールが通っています。空港駅からモノレールに乗って、二〇分ほどで市民病院前駅に到着します。駅から歩いて五分ほどで、那覇の街中では、数少ないまとまった緑地である末吉公園に到着します。起伏のある公園内の敷地には、芝生やヤシ類や各種園芸植物が植栽されているほか、一部、林のような自然環境も残されています。では、末吉公園で見つかったテントウムシを、植物と関連させて紹介しましょう（表8）。

これを見ると、夢の島公園と末吉公園では見られるテントウムシ相に違いがあることがわかります。夢の島公園で普通に見かけるナミテントウは、末吉公園では見られません。ナミテントウは沖縄には分布をしていないのです。

表8　テントウムシが見つかった植物（沖縄・末吉公園）

テントウムシの種類	見つかった植物
クリサキテントウ	リュウキュウマツ、シマサルスベリ
ダンダラテントウ	シマサルスベリ、リュウキュウコクタン、キョウチクトウ、シークヮーサー
カタボシテントウ	シークヮーサー
キイロテントウ	シマサルスベリ
ダイダイテントウ	テイキンザクラ
ハイイロテントウ	ギンネム
アマミアカホシテントウ	ソテツ
ニジュウヤホシテントウ	キダチチョウセンアサガオ、スズメナスビ
ナナホシテントウ	芝生

二つの公園で共通して見られるのは、クリサキテントウとダンダラテントウとキイロテントウ、それにナナホシテントウの四種です。

また、公園での観察結果からは、テントウムシによって、それが見られる植物の種類が違うことがわかります。さらに、多くの植物上で見られる種類と、限られた植物でしか見られない種類があることもわかります。たとえば、末吉公園の観察からは、ダンダラテントウは、さまざまな植物の上で観察できているのに対し、アマミアカホシテントウはソテツ上だけでしか見つかっていません。また、季節によって見つかるテントウムシの種類が違ったり、同じテントウムシが別の植物の上で見つかったりもします。

このように、テントウムシにはあれこれ、観察ポイントがあることがわかります。テントウムシは種類が多く、各種の野外での生活史については、まだわかっていないことも多いのです。

✝大阪の公園のテントウムシ

今度は大阪の公園での観察例を紹介しましょう。

環状線の森ノ宮駅から地下鉄に乗り換え、四〇分ほどで、周囲にマンションなどが建ち並ぶ、住之江公園に着きます。この公園でのテントウムシ・ウォッチングを試みたのは、日本の中でも、フタモンテントウが観察できる数少ない公園の一つだからです。公園の中央部には、広場があり、遊具や砂場も設置されています。一方、広場の周囲には、わりとしっかりと木々が植えられていて、林のようになっています。

観察に出かけたのはゴールデン・ウィークの連休中の一日です。時期を変えて繰り返して観察することができれば、見つけられるテントウムシの種類は増えると思うのですが、この一日で確認できたテントウムシは表9のような種類となりました。

住之江公園の観察では、ナミテントウ、フタモンテントウ、ダンダラテントウが、ほぼ、

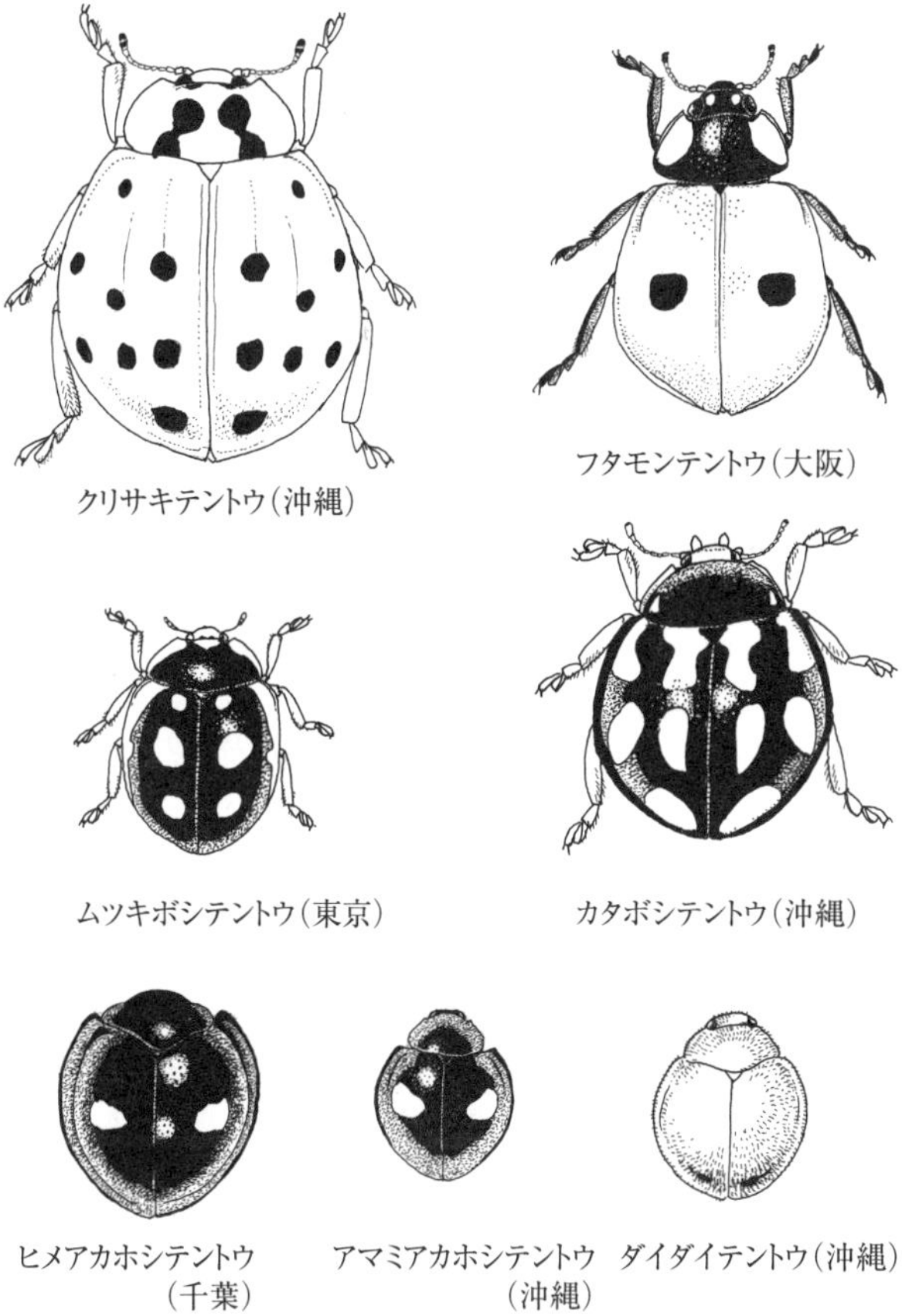

公園のテントウムシ図鑑（その2）

表9　テントウムシが観察できた植物（大阪・住之江公園）

テントウムシの種類	見つかった植物
ナミテントウ	トベラ、シャリンバイ、トウカエデ
フタモンテントウ	トベラ、シャリンバイ、トウカエデ
ダンダラテントウ	トウカエデ
クモガタテントウ	ヒメオドリコソウ
ムーアシロホシテントウ	植物不明

同じ植物上で見つかりました。

ナミテントウが攻撃的であるということを書きましたが、それなら、住之江公園でほかの種類のテントウムシがナミテントウと一緒に見つかったのはなぜでしょう。

これまでの研究から、ナミテントウに比べ「弱い」フタモンテントウは、ナミテントウに先駆けて発生し、ナミテントウと生育時期をずらすことで共存が可能になっているのではないかといわれています。実際、このときの観察でも、越冬した成虫に加えて、春になってから発生した幼虫が見られたのですが、フタモンテントウだけは蛹のステージも見られました。つまり、フタモンテントウは、ナミテントウに比べ、発生時期が早いと思われるのです。

テントウムシ同士の関係については、ほかにも気になっていることがあります。

クリサキテントウはマツの上で特有に見られるテントウムシなのですが、それはナミテントウに対して「弱い」からではないかという指摘があります。沖縄にはナミテントウがいません。そうなると、クリサキテントウがマツ以外で見つかる可能性があるのではと考えられます。実際、末吉公園で観察してみたところ、リュウキュウマツ以外に、シマサルスベリでクリサキテントウが発生していることが確認できました。ほかにも、クリサキテントウが発生する植物はあるのかということが、気になっています。

テントウムシを見つけたら、それが普通種であっても、いつ、どんな植物の上で見つかったかについて、メモを残しておくとよいと思います。

テントウムシは、ナミテントウのように、同じ種類でも斑紋変異があります。そのため、最初のうちは見つけたテントウムシが何という種類なのか、見分けるのに苦労をすることがあります。テントウムシを見分ける際の手引きとしては、『テントウムシの調べ方』(日本環境動物昆虫学会編、文教出版)という、小型種まで網羅し、解説をしている本が出版されています。

3　カラスノエンドウとアルファルファに注目する

†カラスノエンドウを見直す

公園のテントウムシの観察からは、地域ごとで見られるテントウムシの種類が違うことだけでなく、植物とテントウムシの関係や、異なった種類のテントウムシ同士の関係が見えてきました。

では、もう少し、公園で見られる生き物同士の関係を見ていきましょう。

自然はいつも「そこ」にある。ただ、「それ」と気づかないだけ。

ここで、またこのフレーズを思い出してみます。このフレーズを読みかえると、すなわち、「それ」と気づくきっかけさえあれば、「そこ」にある自然に気づくことができるということになります。そして、気づくきっかけは、日常の些細な出来事に端を発することもしばしばです。

大学のゼミで、ゼミ生たちと、小学校の理科の教科書を読み合わせます。教科書で紹介されている植物と昆虫の名前を列挙してみようというわけです。たとえば小学校四年の理科の教科書を開くと、春に花を咲かせる雑草の例として、ホトケノザ、ヒメオドリコソウ、オオイヌノフグリ、カラスノエンドウが取り上げられています。ところで、学生たちは、これらの植物をいったいどのくらい知っているのでしょう。教科書に登場する四種の雑草は、春先、「普通」に見かける植物です。ただし、「普通＝あたりまえ」は、地域によって異なっています。ホトケノザ、ヒメオドリコソウ、オオイヌノフグリは沖縄では見ることができません。当然、学生たちは、名前を聞いても首をかしげるばかりです。もうひとつのカラスノエンドウなら、沖縄にも生えています。カラスノエンドウは全国区の雑草ということができそうです。ちなみに「カラスノエンドウを知っている者は？」と聞いてみたら、一四名のゼミ生のうち、誰もいませんでした。もっとも、沖縄では本土ほど、カラスノエンドウが普通に見られるわけではありませんので、これはやむをえないかもしれません。

こんなやりとりがきっかけとなって、身近な草、特にカラスノエンドウが気になってきます。

沖縄島北部にある県の研修センターに、新入生の宿泊オリエンテーションに出かけた際のことです。プログラムの合間に一〇分か一五分の休みがあります。そんな時間を利用して、施設の外に出てみます。遠くに行く時間的余裕はありません。玄関前に芝生が植えられた広場がありました。公園などでもよく見られる環境です。この芝生の周囲を、何か見つからないかと歩き回ってみることにしました。芝生に混じって雑草が生えています。カタバミやネジバナ、コオニタビラコ、シロツメクサなど本土でも見られる雑草たちです。その中に、カラスノエンドウの姿もありました。

花外蜜腺を見てみよう

芝生を見ると、カラスノエンドウに混じって、それよりもずっと花や実の小さなスズメノエンドウも生えています。さらに、両者の中間的なサイズの花や実をつけるカスマグサ（カラスとスズメの間の草という意味）も見つかります。カラスノエンドウもシロツメクサもマメ科の植物です。もちろん、スズメノエンドウもカスマグサも同様です。こうしてみると、春の草むらには、マメ科の植物が多いようです。

カラスノエンドウは、千葉生まれの僕にとっては、小さなころからなじみの植物ですが、あまりに身近に普通にあったせいか、さほどしげしげとながめたことがありませんでした。沖縄の場合、カラスノエンドウは、それほど普通種とはいえません。そのため、生えていると、かえって目が向いてしまいます。そうして気にしてみて、初めて気づくことがいろ

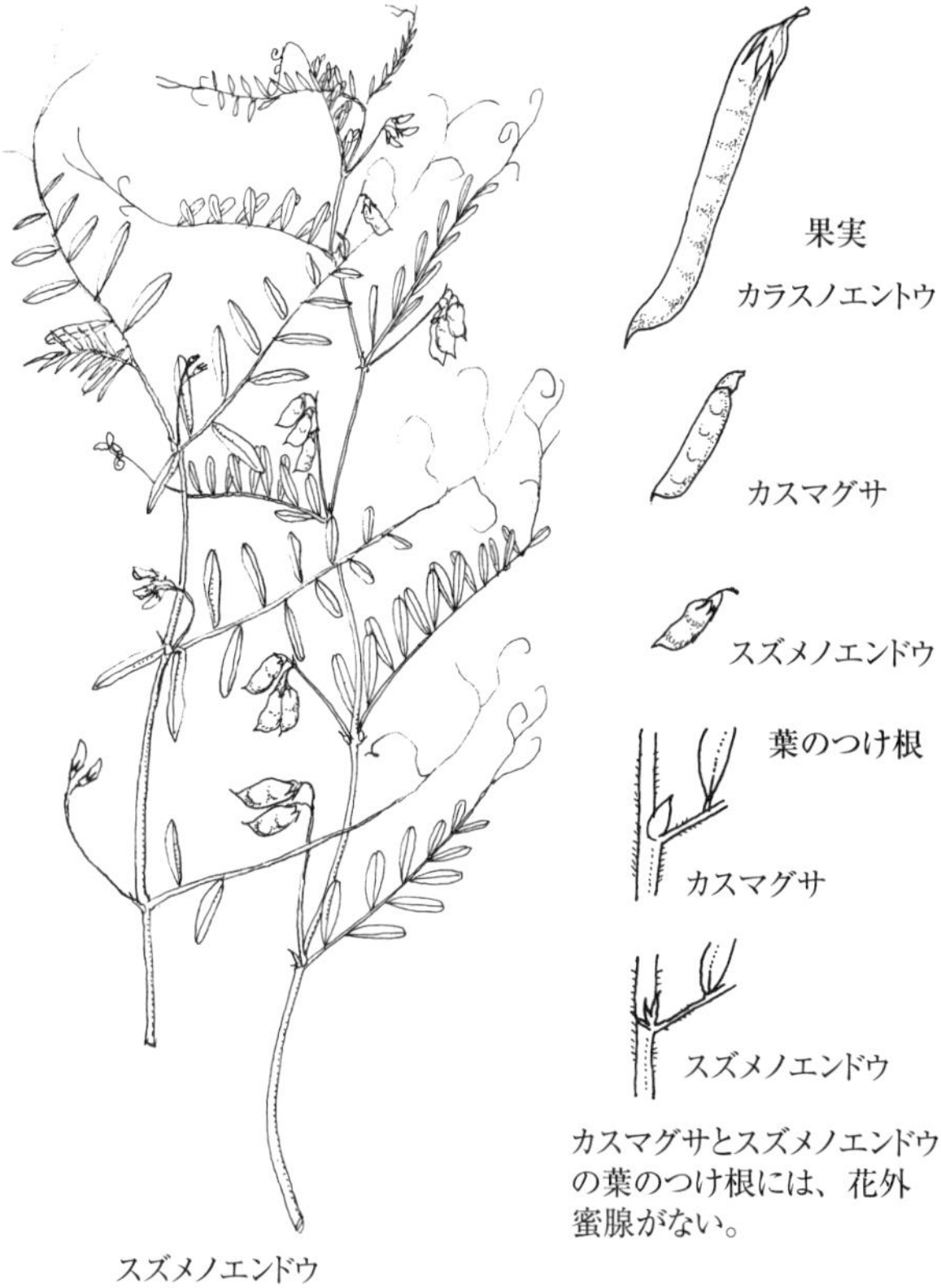

カラスノエンドウの仲間図鑑

いろとあります。

この日、カラスノエンドウを見ていて目に留まったのは、花外蜜腺とそこにきている虫たちでした。

植物の中には、花以外のところから蜜を出すものがあります。この蜜を出すところを花外蜜腺と呼んでいます。なぜ、花外蜜腺があるのでしょう。これは、アリをひきよせて、葉を食べる虫から身を守るのに役立っているのではないかと考えられています。

この花外蜜腺が、カラスノエンドウにもあります。カラスノエンドウの葉（何枚かの小さな葉からなっている複葉と呼ばれる葉）の根元についている、托葉《たくよう》と呼ばれる部分に、紫色の縁取りのある小さなへこみがついています。見ていると、この部分に小さなハチや、アリたちが蜜を求めてやってくるのが目に入ります。研修所の広場のカラスノエンドウには、オオズアリの仲間とアミメアリがやってきていました。みなさんも、家の近所でカラスノエンドウを見つけることがあったら、花外蜜腺に虫がきていないか探してみましょう。どんなアリがきているでしょう。アリ以外の虫がきていることもあるでしょうか。

花外蜜腺は、カラスノエンドウ以外でも、いろいろな植物で見つかっています。身近なところでいうと、公園に植えられているサクラの葉にも花外蜜腺がついています（一一三頁図）。ソメイヨシノの場合は、葉を一枚ちぎってみると、葉柄に一対の丸い小さな突起

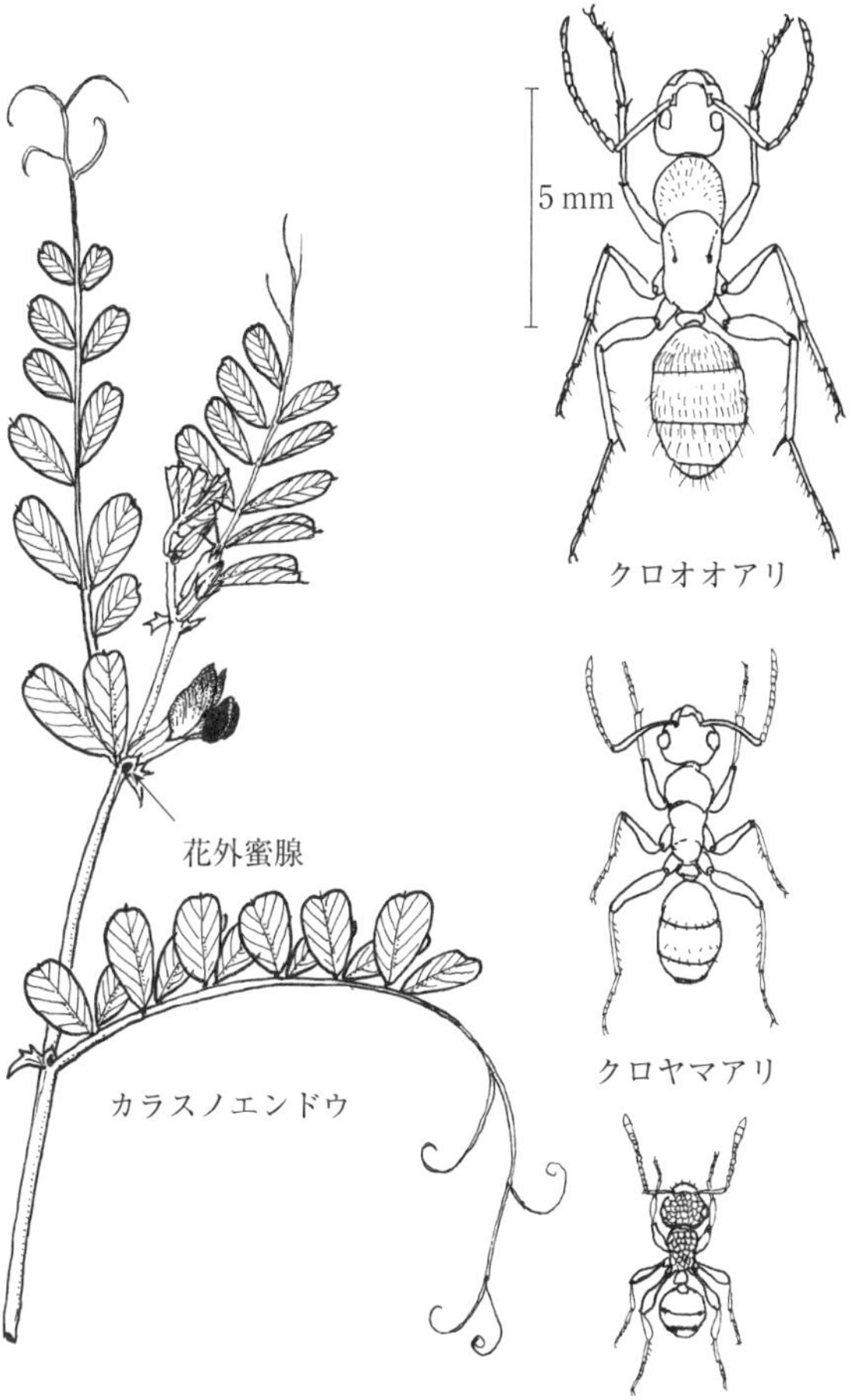

カラスノエンドウに集まるアリ図鑑

がついているのがわかると思います。千葉の僕の実家の近所の公園で観察したところでは、トビイロシワアリやウメマツオオアリがソメイヨシノの花外蜜腺にやってきていました。サクラの木なら、きっと、みなさんの家の近くにもあるはずです。散歩のおりに、サクラの葉を手に取って、見てみてください。

世界の花外蜜腺植物を紹介しているサイトを見ると、被子植物のうち、花外蜜腺のある植物は一〇九科、三七九七種にのぼると紹介されています。どんな植物の科に花外蜜腺が多いかというと、上位五つは、マメ科（八五三種）、トケイソウ科（四四四種）、トウダイグサ科（三六〇種）、アオイ科（二九九種）、ノウゼンカズラ科（二六四種）とあります。カラスノエンドウはマメ科ですから、そもそも花外蜜腺が多いグループに所属しているのです。ところで、そうなると新たな疑問も浮かびます。スズメノエンドウやカスマグサのほうには、見た限り、花外蜜腺は見当たりません。花や実の大きさは違っていても、全体的にはカラスノエンドウによく似ているマメ科の草なのに、これはいったいどうしたわけなのでしょう。花外蜜腺についても、気になることがいろいろと出てきます。身近にある植物で、アリが歩き回っている植物を見つけたら、花外蜜腺がある可能性があります。どんな植物に花外蜜腺があるか、探してみませんか？

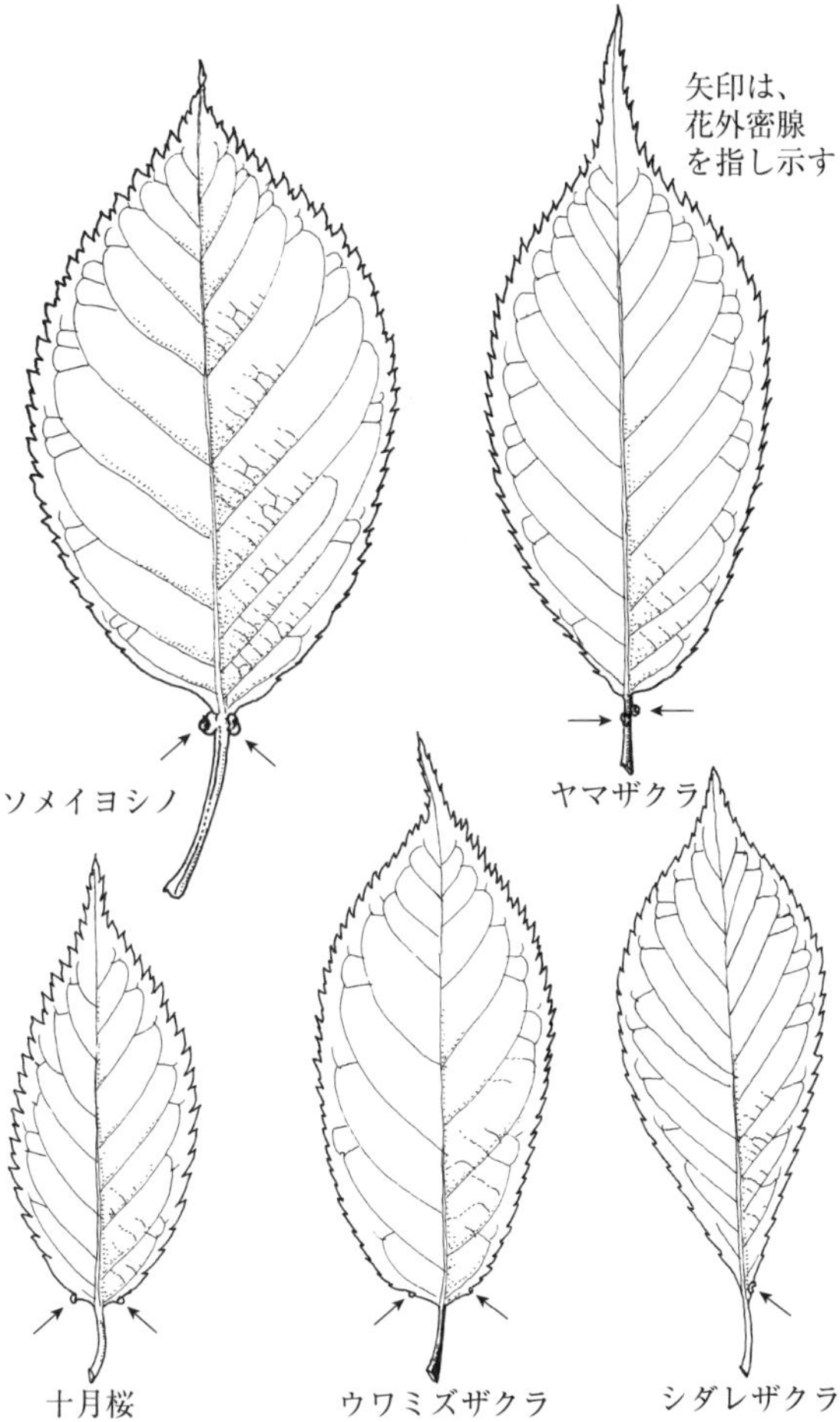

サクラの花外蜜腺図鑑

†ホット・スポットをさがせ

一度カラスノエンドウが気になりだすと、なんだかじっとしていられません。近所の公園に出かけてみることにしました。護岸された小さな川沿いに整備されている親水公園です。歩いていると、さっそく、その公園の土手にカラスノエンドウの群落を見つけました。見ると、アブラムシだらけです。そのアブラムシを狙って、ヒメカメノコテントウやダンダラテントウがきています。これを見て、カラスノエンドウの花外蜜腺は、いったい役に立っているのだろうかと疑問に思いました。花外蜜腺はアリを招き寄せて、植食者からの防御に役立てるものではないのかということなのですが、アブラムシの排出する甘露を好むアリは、アブラムシを退治してくれそうもありません。

さらに、見てみると、カラスノエンドウの葉がぼろぼろに食べられています。花外蜜腺は、葉を食べる虫たちから身を守る役にも立っていないように思えてしまいます。でも、いったい、誰に食べられているのでしょう。見ると、葉の上に、犯人らしき虫がついていました。小さな青虫のように見えます。

こんなふうに、カラスノエンドウに気をつけるだけで、いろいろな虫が見えてきます。このように、いろいろな生き物を観察できる対象を、僕はホット・スポットと呼んでいます。自然観察のコツのひとつは、こうしたホット・スポットを見つけることにあります。カラスノエンドウは、そうしたホット・スポットのひとつであるわけです。

　ところで、この小さな青虫、よくよく見ると、ガやチョウの幼虫ではありませんでした。甲虫のゾウムシの幼虫だったのです。カラスノエンドウの群落からは、幼虫だけでなく体長六ミリのゾウムシの成虫も見つかったので、それとわかりました。一般にゾウムシの幼虫は植物体内に潜り込んで「くらし」を送るものが大半です。そのため、幼虫の脚は退化しています（秋、ドングリを拾ったら、中から幼虫がでてきた……という思い出がある人もいると思うのですが、あの脚のない虫こそ、ゾウムシの仲間の幼虫です）。ですので、最初にこの幼虫を見たとき、僕はゾウムシの幼虫とは思わなかったのです。

　幼虫をつまみあげて、さらに観察をしてみます。小学校で習う昆虫の定義の一つは、胸に脚が三対あるというものです。イモムシも、よく見

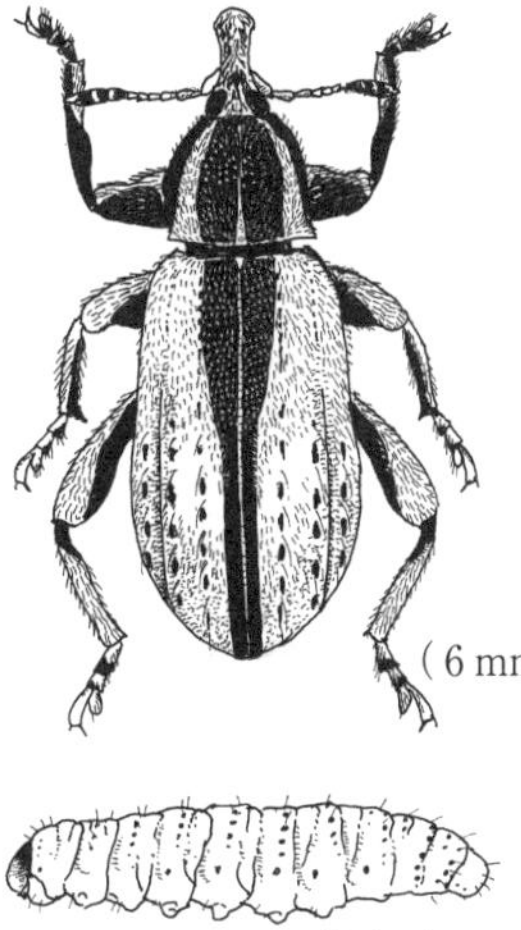

（6 mm）

幼虫（5 mm）

アルファルファタコゾウムシ

ると胸に脚が三対ついています。ただし、イモムシでは、腹部にも五対の脚モドキが発達して、枝などにとりつくのに都合がよい形になっています。おもしろいことに、カラスノエンドウの葉にとりついているゾウムシの幼虫には、胸には脚らしい脚が生えていないのですが、腹部に脚モドキが発達して、草にとりつけるようになっています。

カラスノエンドウにとりついていたゾウムシは、アルファルファタコゾウムシです。この虫はアフリカ北部からヨーロッパ、アジア中南部原産の虫で、日本では一九八二年に初めて沖縄島と福岡で見つかったという記録があります。その後アルファルファタコゾウムシは各地に分布を広げていっています。

一度目に入ると次々に見えてくる

今度は大学の構内を見てみます。中庭の芝生の周囲を歩き回ってみます。カラスノエンドウは見当たりませんが、代わりにマメ科のコメツブウマゴヤシが生えていました。このコメツブウマゴヤシの葉に、食べ痕がついているのがわかります。さらに見ていくと、いました。アルファルファタコゾウムシの幼虫が葉っぱにくっついています。本当に、自然は一度、目に入ると、次々にそこに「ある」ことに気づくようになるものです。アルファルファタコゾウムシは、カラスノエンドウだけでなく、シロツメクサやアルファルファ

（ウマゴヤシ）の仲間の葉も食べるのです。

では、この虫の名についている、アルファルファとはどんな植物なのでしょう。

スーパーの野菜売り場で、近年はカイワレ大根などと一緒に、アルファルファのスプラウトもおかれているのが目に留まるようになってきています。これこそ、アルファルファタコゾウムシの名の由来になった植物です。

マメ科のアルファルファの和名はムラサキウマゴヤシといいます。アルファルファの仲間は、ムラサキウマゴヤシのようにスプラウトとして利用されるほか、牧草としても利用されますが（ウマゴヤシという名の由来です）、各地で帰化植物として野外に逃げ出していて、ヨーロッパ原産のコメツブウマゴヤシやウマゴヤシは、江戸時代にはすでに日本で野生化していました。いずれも、這いつくばるように生える、背の低い草です。ムラサキウマゴヤシの花は紫色ですが、ウマゴヤシやコメツブウマゴヤシの花は黄色です。なお、ウマゴヤシとコメツブウマゴヤシは、全体の姿はよく似ていますが、小さな実の形で区別することができます。アルファルファの仲間も、シロツメクサやカラスノエンドウ同様、春によく見かけるマメ科の草です。

千葉の実家に帰った折にも、シロツメクサ、カラスノエンドウ、アルファルファの仲間というマメ科三点セットに気をつけてみることにしました。

駅を出てすぐのロータリーに面した広場で、シロツメクサの花が咲いているのにさっそく気づきました。招かれるように近寄っていき見てみると、カラスノエンドウもやはり混じって生えています。花外蜜腺に何がきているかと見ると、アリがいました。ここのカラスノエンドウにきていたのは、アミメアリとクロヤマアリです。アルファァルファァは？　と思い見てみると、よく似た草が生えています。ところが、この草にはアルファァルファァタコゾウムシは見当たりません。一見、アルファァルファァの仲間に見えたのですが、違うグループに属するコメツブツメクサ（アルファァルファァの仲間はマメ科ウマゴヤシ属、コメツブツメクサはマメ科シャジクソウ属）でした。人間からは同じように見える草なのですが、アルファァルファァタコゾウムシからはまったく別物に見えるということなのでしょうか？　このあと、しばらく歩いていくと、本当のアルファァルファァの仲間のウマゴヤシが生えていて、こちらではたくさんのアルファァルファァタコゾウムシが見つかりました。

外来昆虫にとって、日本は本来の生息地ではありません。そうした昆虫は一時的にすみついても、定着できない場合もあります。逆に、定着後、すみやかに分布を広げる場合もあります。分布を広げるだけでなく、定着後に、利用する植物の範囲が広がることもあります。アルファァルファァタコゾウムシも、一九八七年ごろから、あらたにレンゲでも多く見られるようになったことが報告されています。コメツブツメクサなど、他の種類のマメ科

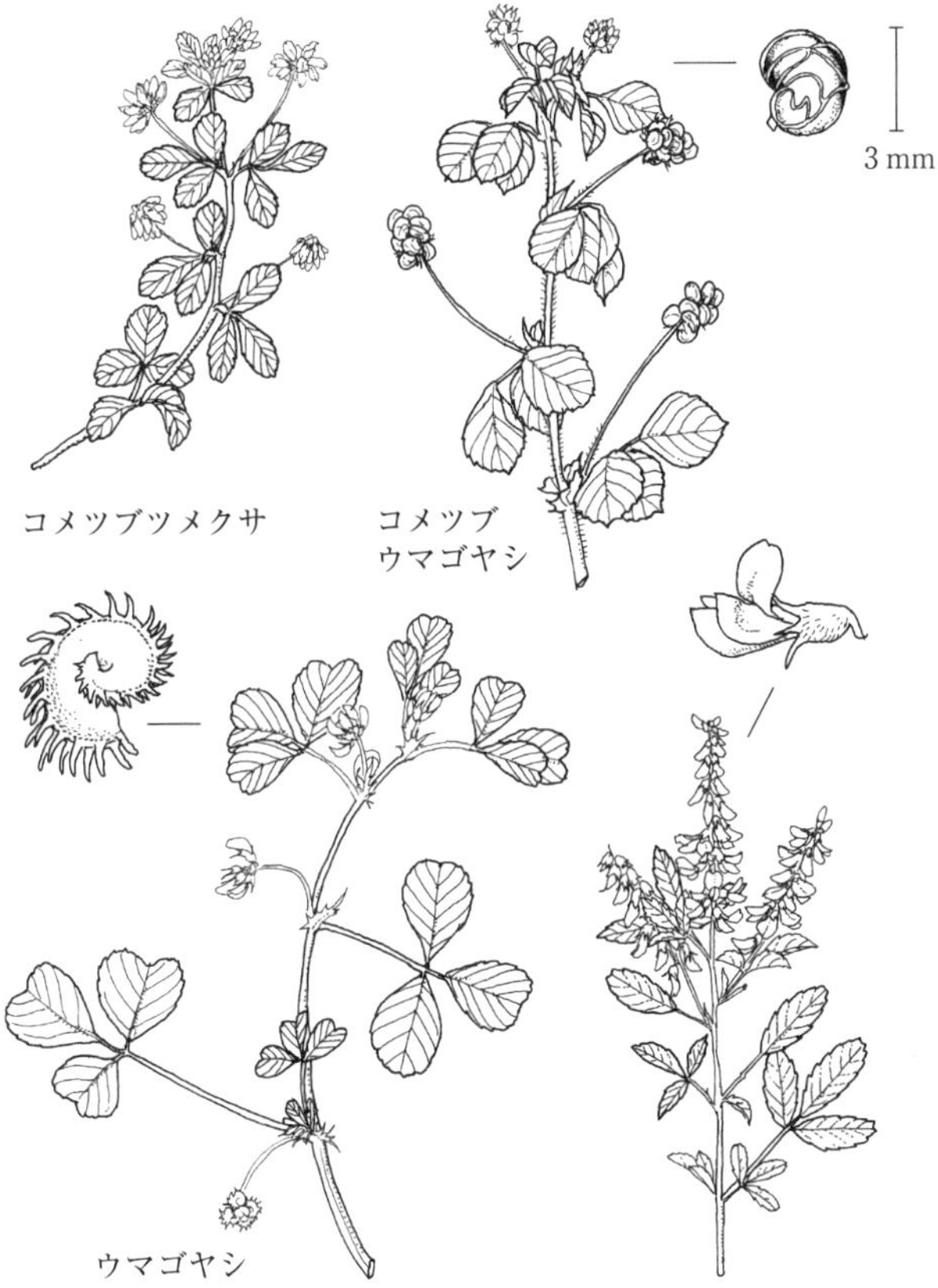
3 mm
コメツブツメクサ
コメツブ
ウマゴヤシ
ウマゴヤシ
シナガワハギ

マメ科の雑草図鑑

植物でも、今後、アルファルファタコゾウムシが見られるようになるかもしれません。そんなことを考えて、観察を続けていたら、那覇の街中で、これまで食草としての記録を見たことのなかったシナガワハギ属の帰化植物、シナガワハギの葉をアルファルファタコゾウムシが食べているのを確認することができました。

†足元のわからなさ

アルファルファタコゾウムシとマメ科の草との関わりを見ているうちに、もうひとつ、別の草と虫の関係にも気づくことができました。

その名もムシクサという草があります。教科書にも載っている、青いかわいらしい花をつけるオオイヌノフグリと同じ、オオバコ科クワガタソウ属の草なのですが、ムシクサはつけるのもごく小さな白い花で、足元に生えていても、なかなか目に留まることがない植物です。僕は前々からこの草の名前だけは知っていて、ぜひ見てみたいと思っていました。

僕がこの草を見たいと思ったのは、その名前のおもしろさからです。この草はなぜ、ムシクサなどという名前をもっているのでしょう。それは、この草の実になるところに、虫が寄生すると、虫こぶと呼ばれる、実よりもずっと大きなふくらみをつくるからです。この虫こぶづくりの犯人が、ムシクサコバンゾウという体長三ミリのゾウムシの一種です。

有名な植物学者に牧野富太郎博士がいます。彼自身の手になる『牧野植物図鑑』という有名な植物図鑑があるのですが、この「植物」図鑑に唯一出てくる「虫」が、ムシクサコバンゾウなのです。ムシクサとムシクサコバンゾウは、それほどに、切っても切れない関係にあるものなのでしょうか?

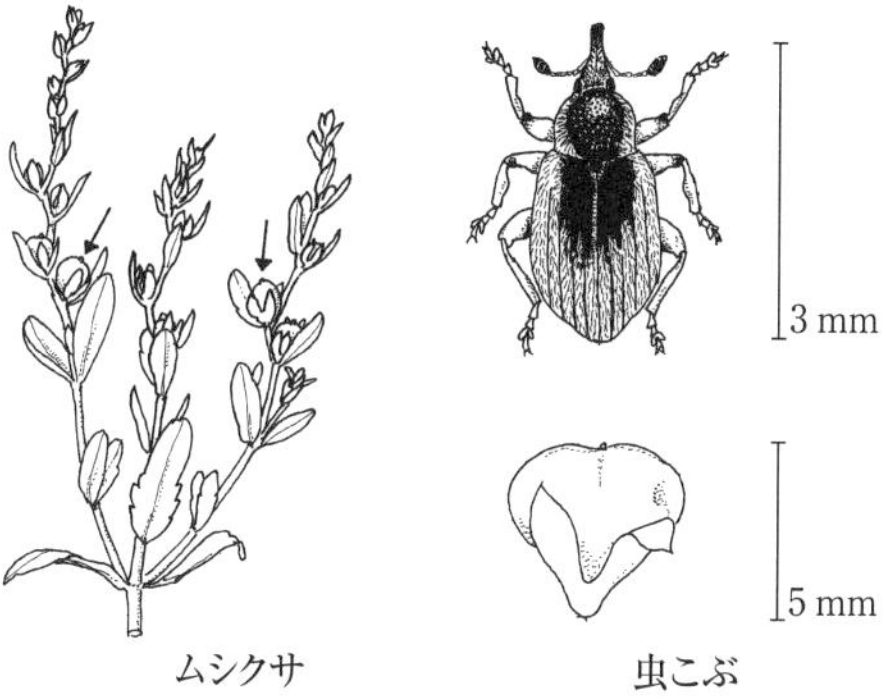

ムシクサコバンゾウ

アルファルファやカラスノエンドウなどを見るために、腰を落として草むらに顔を近づけているうちに、足元にあこがれだったムシクサが生えていることに気づくようになりました。一度気づくとおもしろいことに、あちこちに普通に生えているのに気づきます。通勤路沿いにある公園にも生えていますし、実家の畑にまで生えていて、それまでどこを見ていたんだろうか……と、我ながら恥ずかしく思ったしだいです。

ただ、ムシクサ自体はかなりあちこちで見られる草なのですが、場所によって、必ずしも虫こぶがついているわけではないことにも気づきます。ムシクサとムシクサコバンゾウは、決して、切っても切れない関係というわけではなかったのです。街中の公園の花壇の中に生えているムシクサなどには、虫こぶはひとつもついていません。いわば虫なしのムシクサなのです。一方、田植え前の田んぼに生えていたムシクサには、虫こぶがついていています。いったい、どんな条件だと虫こぶができ（つまりはムシクサコバンゾウも生息でき）、どんな条件だと虫こぶができないのか、興味あるところです。

こうしてみると、足元の草と虫の関係も、わからないことばかりです。公園では、きっと、まだまだいろいろな自然観察ができるはずです。

それでは、道ばたや公園などの身近な自然に目を向けられるようになったら、もっと身近な場所で自然を観察してみることにしましょう。次は、家や庭での自然観察です。

第四章

家と庭

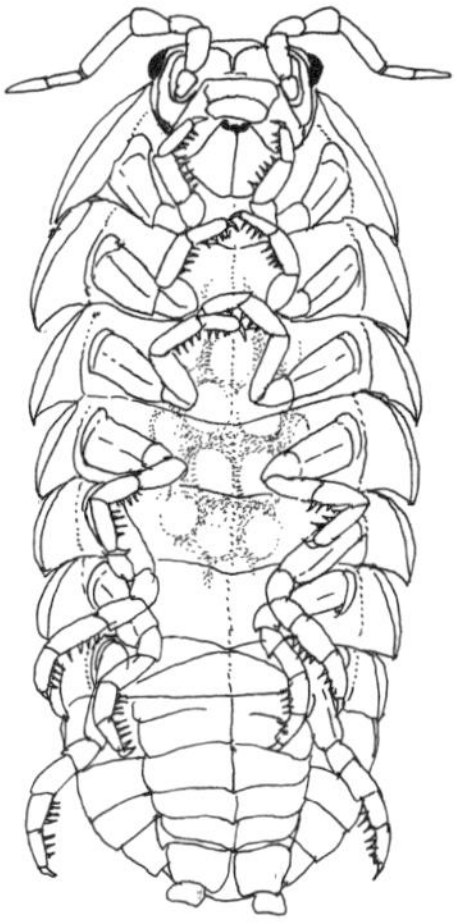

オカダンゴムシ（腹面）

1　家の中の虫たち

†窓辺の虫はどんな虫？

本章では、家や庭という、もっとも身近である場所に棲みついている、普段は気づいていない生き物たちの観察について、紹介したいと思います。

新入生オリエンテーションで、沖縄島北部の研修センターに出かけたときのこと。研修の合間に、少し自由な時間が見つかりました。すでに研修センター前の広場の芝生は観察しました。ほかにまだ、少しの時間で見つけることのできる自然はないだろうかと考えます。そのとき、窓に目がいきました。窓の外には中庭があります。でも、目がいったのは、窓ガラスのすぐ下でした。そこに、小さな虫の死体が転がっていたのです。

研修センターの前面には、芝生の広場が広がっています。一方、研修センターの背後は、林になっています。そのため、研修センターには、外から虫が入り込んでくることがよくあるようです。特に、夜になると研修センターの灯りに虫が引き寄せられてきます。そうした虫が、建物の中に入ってしまい、そのまま出られなくなることがあります。外に出ようとした虫は、部屋の中よりも明るい窓辺に集まるものの外には出られず、そこで息絶えます。それで、窓辺に虫の死体が転がっていたのです。これを見て、ふと、「研修センターの窓辺を全部見て回ったら、いったいどのくらいの種類の虫が転がっているのだろう？」という疑問が頭に浮かびました。そこで三階建ての研修センターの窓辺をすべて回って虫の死体を拾い集めてみることにしました。その結果が、表10のようになりました。

結構多くの種類の虫が見つかったと思いませんか。建物の窓辺も、一つのホット・スポットといえそうです。旅館などに泊まる機会があったら、窓辺に注意してみてはどうでしょう。その土地に、どんな虫がいるかについての一端が、窓辺から見えてくるかもしれません。

研修所の窓辺で見つかった虫のうち、甲虫については、科ごとのリストも、紹介しておきましょう（表11）。

テントウムシまで窓辺に落ちていたことがわかります。見つかったのは、体全体が朱色をした、ダイダイテントウです。

アブラムシをエサとするテントウムシは、建物の中に

表10　窓辺で見つかった虫の死体

目	種数・個体数
トンボ目	1種1個体
カメムシ目	4種5個体
チョウ目	11種11個体
甲虫目	7種10個体
ハエ目	14種21個体
ハチ目	11種14個体
合計	48種62個体

表11　窓辺で見つかった甲虫の死体

科	種数
コガネムシ科	2種
ゴミムシダマシ科	1種
ハムシ科	1種
キクイムシ科	1種
カミキリモドキ科	1種
テントウムシ科	1種

紛れ込んでしまった場合、その中では生きていくことができません。同じように、窓辺に転がっていた虫たちは、心ならずも虜囚となり、息を引き取った者ばかりです。ところが、こうした虫たちの死体をねらって動き回っている虫がいました。アリです。一階の玄関近くの窓辺には、オオズアリの仲間が歩き回っていました。二階と三階の窓辺にいたのは、アシシロヒラフシアリでした。これらのアリは、建物の中を生活空間にしている虫といえるでしょう。

こんなふうに、建物の中でも自然観察ができます。一番身近な建物といえば、もちろん、日常生活を送っている自分の家ということになります。では、家には、どのような虫がいるでしょうか。

家のアリの名前調べ

研修センターの窓辺には、二種類のアリの姿がありました。アリといったら、小さくて、砂糖が好きで……というイメージが一般的かもしれません。でも、アリにも多くの種類があります。『日本産アリ類全種図鑑』（学習研究社）によると、日本産のアリは二七三種が知られています。

アリは小さいので、捕まえたり観察したりしたアリの種類を見極めるのは、最初のうちは難しいかもしれません。アリの体を見てみましょう。昆虫の体は頭・胸・腹の三つの部分に分かれているということを小学校で習いますが、アリの体をよく見ると、胸と腹の中間に腹柄《ふくへい》と呼ばれる部分があることがわかります。さらに、アリの種類によって、腹柄が一節なのか、二節なのかが異なっています（一二九頁図）。アリの種類を見分けるときは、まずこの腹柄を見てみましょう。もちろん、体の大きさ、色、毛の生え方などの特徴も、種類を特定する際の手がかりです。こうした細かな特徴を見る必要があることから、アリの種類を特定するには、ある程度の倍率があるルーペや顕微鏡が必要になります。

また、アリの種類によって、群れの中に兵アリと呼ばれる大型個体が見られることもあって、こうした特徴も種類を特定するときに役立ちます。日本には三〇〇種近くもアリがいますが、家の周辺で見ることのできるアリの種類は限られています。何度も見ているうちに、アリの種類が見分けられるようになるのではないでしょうか。

アリの中には、家の中に入ってくるものと、入ってこないものがあります。さらに家の中に入ってくるものには、一時的に入ってくるものと、家の中に巣を作るものがいます。

研修センターの窓辺にいた、オオズアリの一種とアシシロヒラフシアリは、建物の外に巣があり、一時的に（餌場として）建物内を利用するアリです。オオズアリの仲間は姿が似た種類がいくつかあって、名前を調べるときには注意が必要です。オオズアリの仲間には兵アリがいて、種類を特定する時には兵アリのかたちをよく観察する必要があります。このときは小さな働きアリしか見つけられなかったため、種類を特定することができませんでした。また、アシシロヒラフシアリは、その名のとおり、拡大してみると、全体的に黒い色をしているのにもかかわらず、脚先だけ白っぽい色をしています。またこのアリは、指でつぶすと杏仁豆腐のようなにおいがするので、拡大してみなくても、そのにおいから種類を特定することができます。

大学の僕の研究室でも、一時的に建物内に侵入するアリを見かけます。小さな茶色っぽい色をしていて、拡大してみると頭部に細かな編み目模様があるアミメアリや、全体的に黄土色で、細長い脚をもったアシナガキアリといったアリたちです。

一般の住居ではどうでしょう。

友人の家に行ったときも、床の上にアリが歩いていないかが気になってしまいます。鳥取県の田舎に住んでいる友人の家に行ったとき、居間を歩き回っていたのは、アシナガアリでした。アシナガアリは、家の中に巣を作っているわけではなく、おそらく庭先から入り込んだものだと思います。

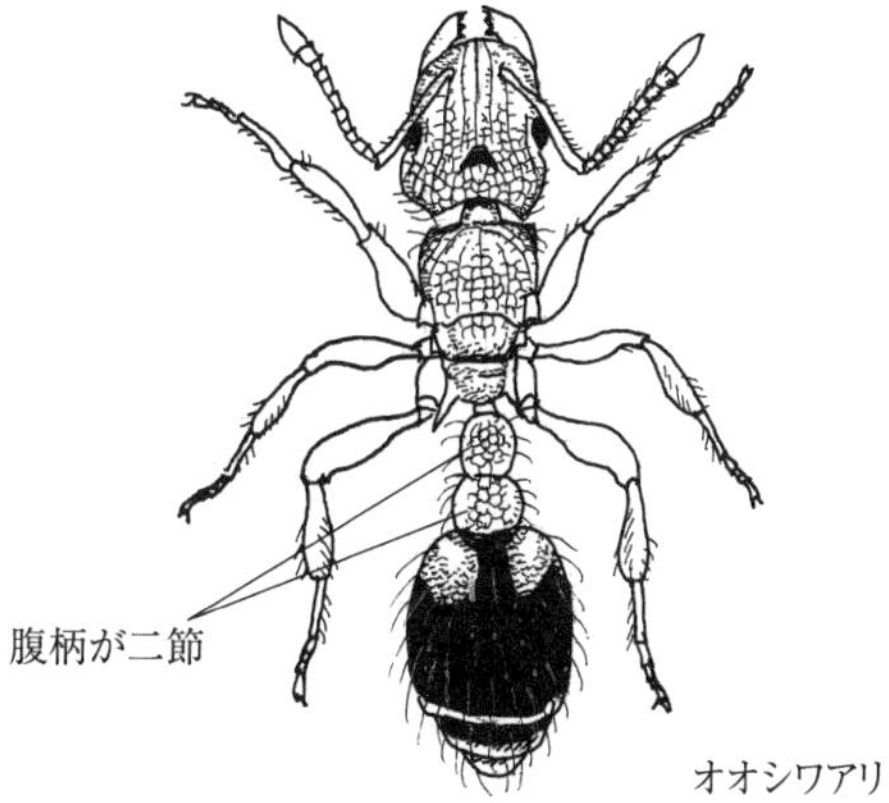

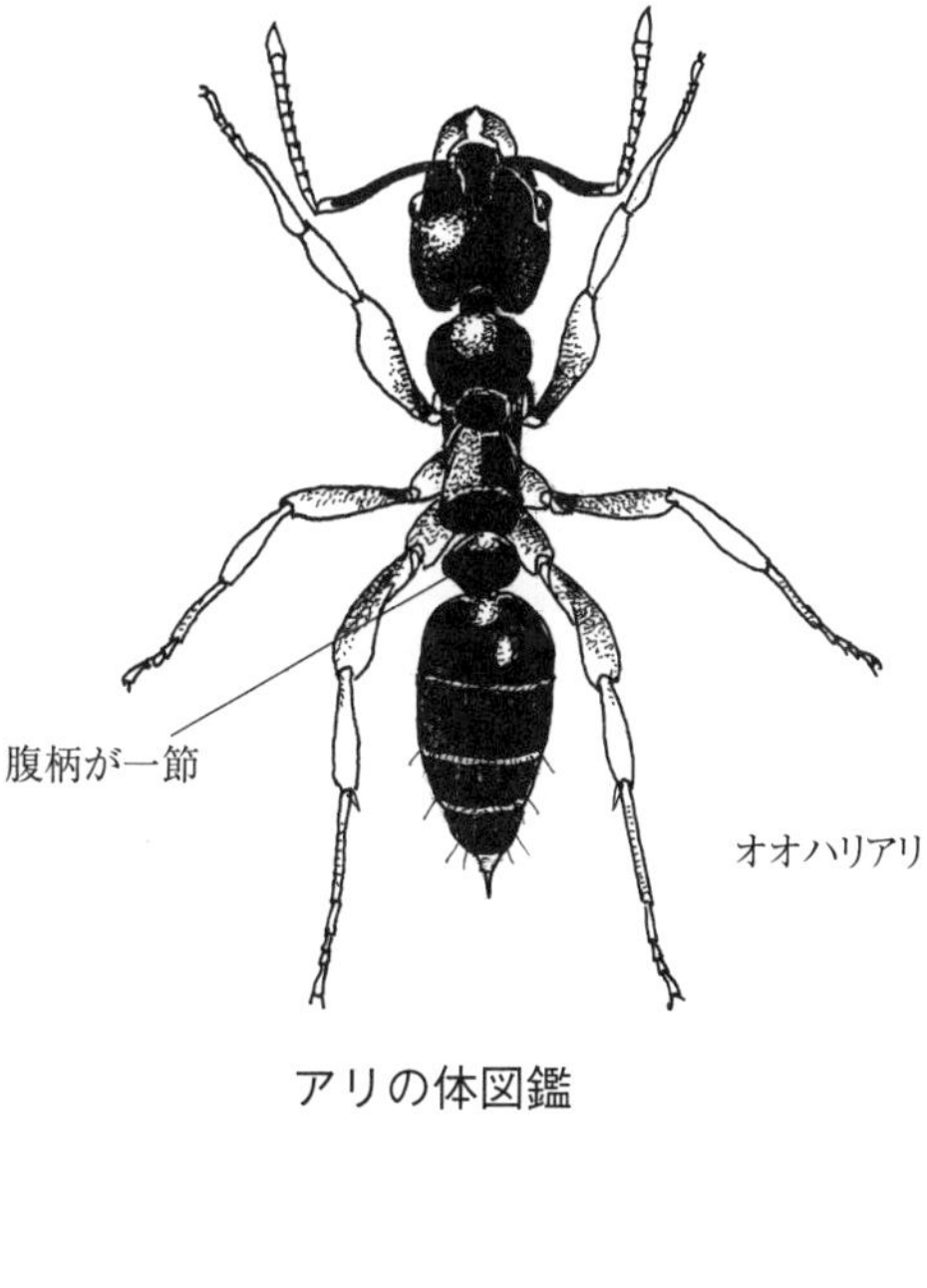

アリの体図鑑

一方、僕の家は、那覇の街中のマンションの七階にあります。マンションの建っている地面から、僕の住んでいる部屋までアリが出入りすることはさすがになさそうです。しかし、僕の部屋にもアリが出没をします。つまり、都会のマンションの七階に出没するアリというのは、部屋の中に巣を作ってしまうアリたちです（イエヒメアリなどは、部屋の片隅の空き箱の中などの空間を、そのまま巣として利用します）。

僕の家の中には、これまで三種類のアリが、入れ替わり棲みつきました。最初はイエヒメアリ。その姿がなくなったら、しばらくしてアワテコヌカアリ。それもしばらくして見なくなったと思ったら、今度はフタイロヒメアリ。いずれも小型の種類です。この中で、アワテコヌカアリは、その動きがまさに「あわてふためいている」ような特徴的なかんじなので、拡大してみなくても種類が特定できるアリです。これらはいずれも、小さいながらも食べ物にたかったり、昆虫標本にたかったりと、なかなか厄介な存在です。

†家のアリの入れ替わり

さて、これらのアリが入れ替わるのは、何かの理由で先住のアリがいなくなったところに、たまたま別の種類のアリが棲みついたということなのでしょうか？　それとも、たまたま別の種類のアリが入り込んで、先住のアリととってかわったのでしょうか？　両者と

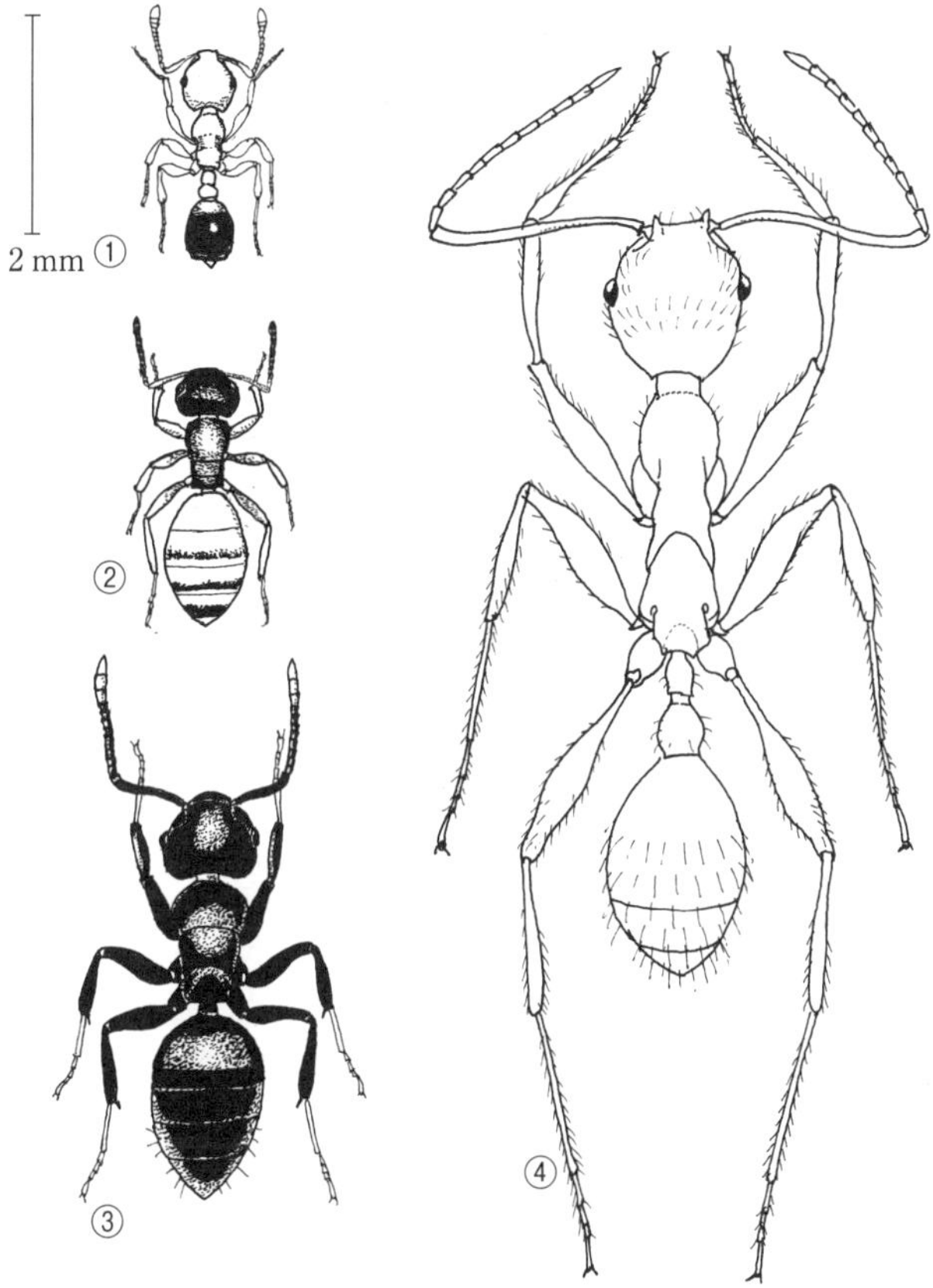

①フタイロヒメアリ　②アワテコヌカアリ　③アシシロヒラフシアリ
④アシナガアリ（全身黒色）

屋内で見られたアリ図鑑

もあり得ると思うのですが、答えはわかりません。しかしベランダの観察で、おもしろい例に気づくことができました。

我が家のベランダには、家の中に出没するアリとは、また別のアリが見られます。こちらも地上から通っているわけではなく、七階のベランダに棲みついているものです。ベランダの鉢植えの植物の周りを歩き回っているアリを捕まえて名前を調べてみると、ケブカアメイロアリでした。鉢植えの中には、サツマイモもあります。サツマイモの葉の付け根には花外蜜腺があるのですが、ケブカアメイロアリは、この花外蜜腺にもやってきます(こんなふうに、ベランダに花外蜜腺をつける植物を植えておくのもおもしろいかもしれません)。おもしろいことに、このアリは、ベランダのあちこちを歩き回っているのですが、基本的に部屋の中には入ってきません。

ところである日のこと。ベランダで洗濯物を干していた妻が「ヘチマにアリがきているよ。いやだなあ。部屋の中に入らないかな」と言っている声が聞こえました。

「ベランダのアリは、部屋の中に出てくるアリとは種類が違うから大丈夫」

このときは、そんなふうに声をかけただけでした。が、しばらくして、自分でもアリの様子を見てみることにしました。妻の声を聞いて、ヘチマにも花外蜜腺があることを思い出したからです。おそらくベランダのアリは、ヘチマの花外蜜腺に集まっていたのにちが

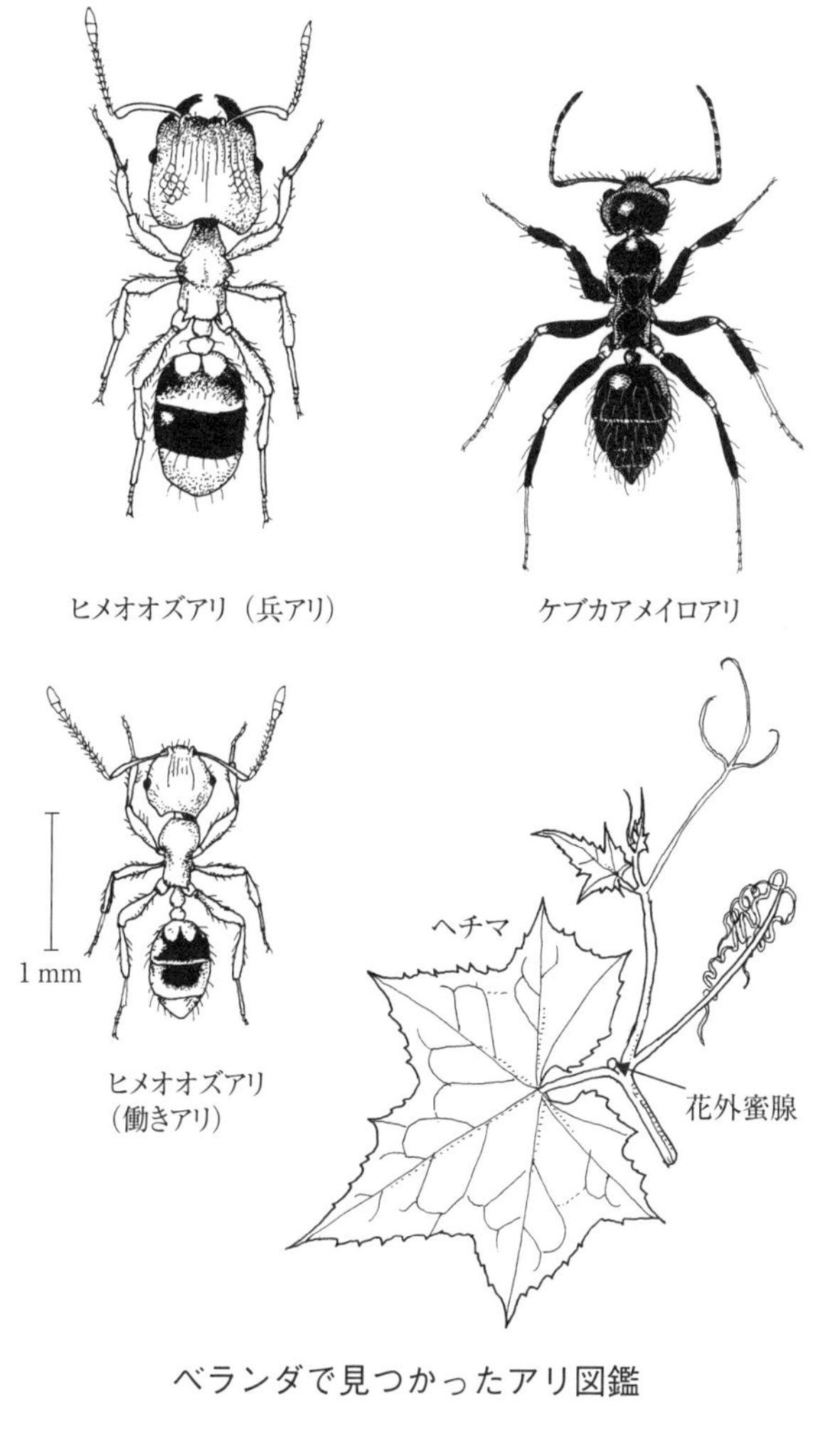

ベランダで見つかったアリ図鑑

いありません。

ベランダのヘチマは、長男が小学校で種を分けてもらったものです。植えた時期が遅く、鉢の中の土も肥料不足だったため、成長不良でひょろりとした姿をしています。よく見ると、その茎の上を、アリが行き来しています。さらによく見ると、はたして、ヘチマの葉の付け根のところにある花外蜜腺に、たくさんのアリが集まっています。ところが、そのアリを見て、驚いてしまいました。それまでベランダでよく姿を見たケブカアメイロアリではなかったからです。小さな働きアリに混じって、大型の兵アリの姿も見られます。兵アリの腹部は、蜜でぱんぱんに膨らんでいます。捕まえたアリを顕微鏡で拡大し、図鑑で調べてみると、どうやらヒメオオズアリです（図鑑にはヒメオオズアリの兵アリは蜜を運ぶという記述もありました）。

さて、ベランダのあちこちを探してみましたがケブカアメイロアリは見つかりませんでした。ここのベランダでは、ヒメオオズアリが入り込んだことで、ケブカアメイロアリと入れ替わってしまったのではないかと思います。それにしても、いつアリの入れ替わりが起こったのでしょう。妻がヘチマのアリに気づかなければ、僕もまだ気づいていなかったかもしれません。ひょっとすると、ベランダのアリに、また何らかの入れ替わりが起こらないとも限りません。これからはときどき、ベランダのアリをチェックしなければ、と思ったしだいです。

2　家の中にいる「珍虫」

†ゴキブリを飼うには？

部屋の中とベランダというのは、隣接した場です。それでも見られるアリに違いがあるということから、部屋の中と外では、虫にとって、環境に大きな違いがあるということになりそうです。では、部屋の中と外で、一体何が違っているのでしょうか。

このことに関して、紹介をしたいエピソードがあります。

時々、生き物についての質問の電話や手紙が僕のところへ寄せられます。

ある日、那覇市内に住む、小学生のお母さんから電話がありました。

「娘がゴキブリを研究し始めたんですが、すぐに死んでしまうんです。どうしたらいいかと思って、電話をしました……」

そんな内容の電話でした。

ゴキブリに興味をもつ小学生の女の子なんて珍しいと、お母さんの話を聞いてみることにしました。

娘さんが興味をもったのは、家の中に出てくるゴキブリではなくて、学校の校庭で、植木の落ち葉の下で見つけたゴキブリ……リュウキュウゴキブリなのだそうです。リュウキュウゴキブリは琉球列島など、南方で見られるゴキブリです。体長は一六ミリほど。オスとメスでは体型が異なっていて、よりずんぐりして見えるメスは翅があっても、飛ぶことができません。このゴキブリは、人家近くの林の落ち葉の下などでよく見られます。落ち葉をよけたり、石をどけたりすると姿を現すのですが、一番よく見かけるのは、まだ翅のない、真っ黒な幼虫です。このゴキブリの幼虫を捕まえて、家で飼い、観察しようとしたところ、すぐに死んでしまって困っているんです……というのが、電話でのお母さんの話でした。

飼育するにあたって、飼育ケースの底に、土や湿ったおがくずなどを敷いていますか？と僕は聞いてみました。リュウキュウゴキブリは、落ち葉の下で生活しているゴキブリです。十分な湿り気がないと、くらしていけないのではないかと思ったのです。はたして、飼育ケースの底には何も敷いていないということでした。

このやりとりをかわして、改めて気づいたのは、家の中に出る昆虫というのは、非常に特殊なものたちではないかということです。

ゴキブリというと、たたいても死なない。絶滅させようと思っても絶滅しないといったイメージがあると思います。ところが、たとえばリュウキュウゴキブリの場合、家で飼育しようと思っても、うっかりするとすぐに死んでしまうのです。日本にはゴキブリは全部で五八種類いることが知られています。しかし、そのうち家の中に出る種類は、一〇種ほどにしかすぎません。逆に言うと、ゴキブリの多くは家の中に入り込んでくらしていくことができないのです。

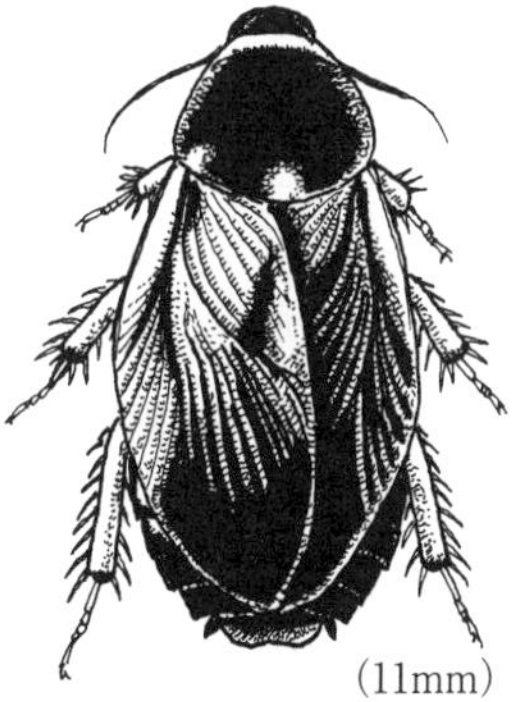
(11mm)
リュウキュウゴキブリ(メス)

一般の昆虫にとって、屋内が過酷な環境であるのは、餌が限られていることと、水分を得ることが難しいことが原因でしょう。屋内に出没するゴキブリは、野外性のゴキブリに比べ、乾燥に強いのだと考えられます。また、屋内で限られた場所にある水分をうまく使うことができているのだとも思います。台所のシンク回りでゴキブリをよく見るのは、水分を求めてのことに違いありません。

†屋内という特殊環境

ゴキブリは嫌われる昆虫の筆頭でしょう。ゴキブリを観察したいなんて思わないかもしれません。いえ、必ずしもゴキブリを観察する必要はありません。ただ、ゴキブリも含め、家の中に出る昆虫は、こちらが観察しようと思っていなくても、対象自体がこちらの視野に入ってくる（それもいやおうなしに）という得難い対象なのではないかなと思うわけです。

自然観察の方法のひとつに、定点観測があります。決めた場所を定期的に訪れて、時間経過による変化や季節による変化を観察・記録するというものです。屋内の昆虫の観察は、わざわざ出かけなくてもできる定点観測だということができます。

また、屋内環境というのは、特殊な環境です。たとえば砂漠に生きる生き物は、乾燥状態に適応して、見かけもくらしも特殊です。ナミブ砂漠に棲むゴミムシダマシという甲虫は、砂漠に発生する霧から水分をとるため、砂丘の頂上に上り、逆立ちをするようにして腹部で霧を受け止め、集まった水分を口で受けて飲むという行動をとることが有名です。昆虫ではありませんが、深海という特殊な環境に棲む魚やそのほかの生き物たちが、ずいぶんと変わった姿をしていることから、最近、人気になっていることもご存知でしょう。

しかし、屋内の昆虫たちも、そうした点では、結構、変わった昆虫なのです。屋内に出没する昆虫は、屋外では姿が見つからないものもいます。知人の甲虫研究者から、ヨーロッパのある甲虫研究者が、その国で記録されている甲虫のほとんどを集めたものの、最後に残った課題が屋内に出没する甲虫を採集することだった、という話を聞いたことがあります。

僕たちが日常、寝起きしている屋内というのは、虫にとっての特殊環境である……このことも、自分の中にある、「あたりまえ」が揺り動かされるような気づきといえます。こんな視点に立ってみると、家の中で見かける虫たちが、のきなみ「珍虫」に見えてきます。

†家の中のカミキリムシ?!

たとえば、家の中に出没する虫として、「こんな虫も」という例を挙げてみましょう。虫好きの人に人気のある虫のひとつに、カミキリムシがいます。カミキリムシは種類が多く、きれいな種類や、見つけるのが難しい（珍しい）種類がいることが、コレクター意欲をそそるわけです。そのカミキリムシの中に、イエカミキリという種類がいます。なんと、家の中に出没するカミキリムシなのです。

僕は、機会があるごとに、おじいさんやおばあさんを訪ねて、昔の沖縄の暮らしのことについて聞き集めています。一口に沖縄といっても、島によって、ずいぶんと自然との関わりや、自然についての知恵が違っています。ところが、社会の変化で、そうした関わりや知恵は急速に消えつつあります。

宮古島の隣にある、伊良部島《いらぶじま》のおじいさんに、昔の暮らしの話を聞いていたときのことです。話の中で、家の中に出る虫の話になりました。昔は山から木を伐ってきて自分たちで家を作ったものだけれど、山から伐った木は一度、塩水につける必要があった……という話を教えてくれました。そうしないと、材木に虫がついて、どうにもならないのだそうです。材木の中に入り込んだ虫が木をかじる音が、眠っているときもカリカリと聞こえたといいます。

この犯人がイエカミキリの幼虫です。イエカミキリはその名の通り、家を作っているような非常に乾燥した材木に好んで幼虫が入り込みます。ところで、最近、イエカミキリは珍しい昆虫となってしまったとカミキリムシの仲間に詳しい知人に聞きました。山から切り出した材木をそのまま使うような家は、今はありません。現代風の新建材を使った家屋ではイエカミキリはとりつくしまがないようなのです。一方、野外では、イエカミキリが好むような乾燥した材木は見つかりません。では、イエカミキリは、人間が家を建てるようになる前、もともとはどんなところで生活をしていたのかと、首をひねってしまいます。

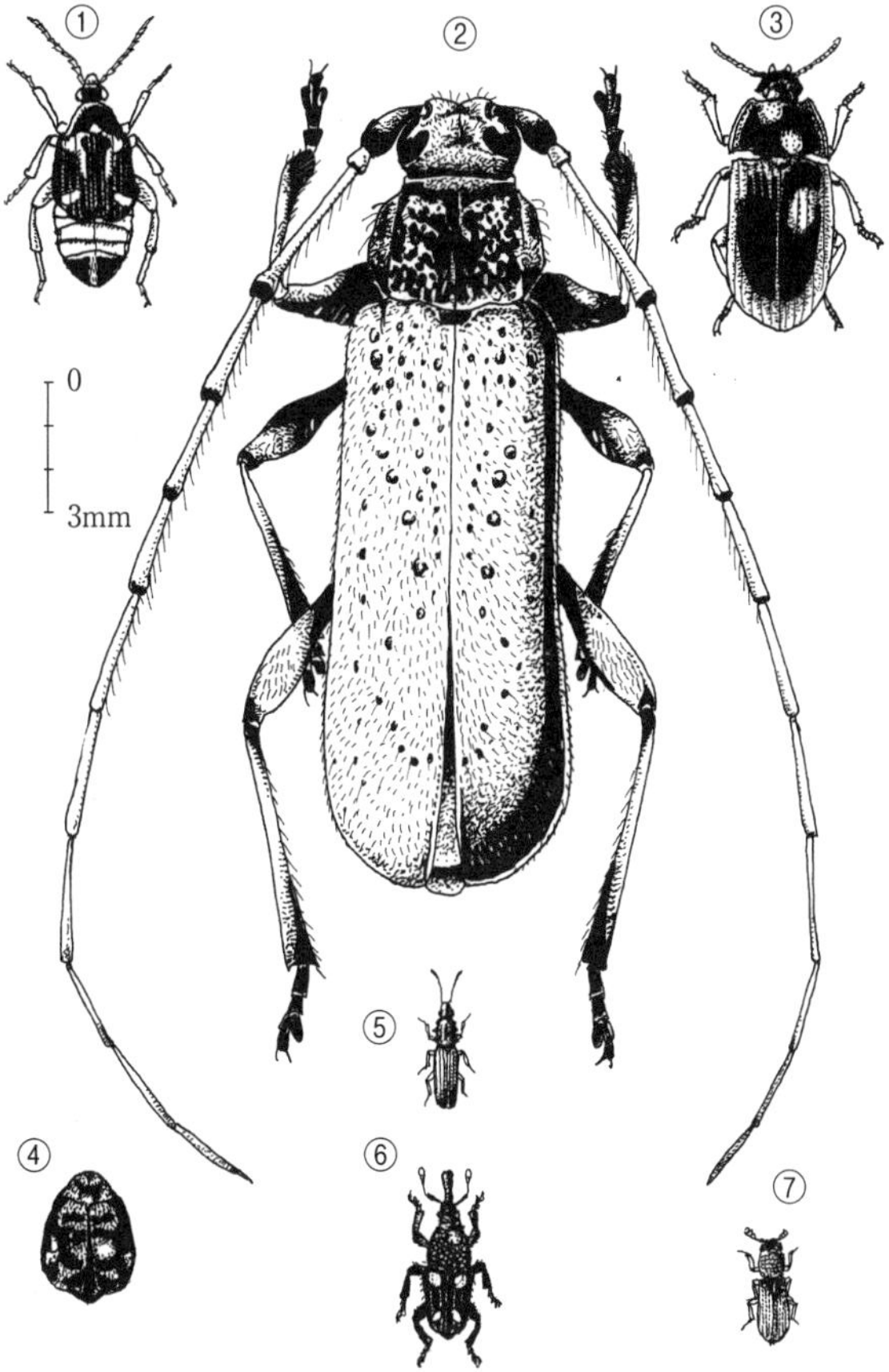

①アズキマメゾウムシ　②イエカミキリ　③ガイマイゴミムシダマシ
④ヒメマルカツオブシムシ　⑤ノコギリヒラタムシ　⑥コクゾウムシ
⑦コナナガシンクイ

家の中の昆虫図鑑

ともあれ、イエカミキリが発生している家があると聞くと、虫好きの人はなんとかその家に出かけていって、イエカミキリを採集したいと思うのではないでしょうか。

こんなふうに、家の中に出没するのは、ゴキブリやアリだけではありません。ただ、なかなか家の虫の存在に気づかないのは、ゴキブリほど大きかったり、アリのように群れを作ったりしていないからです。

屋内に出没するゴキブリは昆虫としてはかなり大型の部類です。だからこそ、あんなにも嫌われるということもあるのでしょう。しかし、そのほかの屋内に出てくる昆虫は、ごく小さなものが多いのです。考えてみると、こうした小さな虫たちは、なかなかすごい虫ではないでしょうか。というのも、ゴキブリサイズなら、砂漠状態にある屋内でも、自分で動き回って、オアシスであるトイレやシンクに移動して、水分を得ることができるからです。それに対して、もっとずっと小さな虫の場合は、砂漠状態の屋内で、いったい、どうやって生活をしているのかと疑問に思ってしまいます。

†家の虫の顔ぶれ

家の中で見られる昆虫の例として、僕の家で見つけた虫をリストにしてみました（表12）。

表12　盛口家で見つかった虫

目	種類
シミ目	オナガシミ
ゴキブリ目	ワモンゴキブリ、コワモンゴキブリ
チャタテムシ目	コナチャタテの仲間
甲虫目	タバコシバンムシ、オビヒメカツオブシムシ、ヒメマルカツオブシムシ、クロチビカツオブシムシ、ノコギリヒラタムシ、コナナガシンクイ、カドコブホソヒラタムシ、コクヌストモドキ、ガイマイゴミムシダマシ、コクゾウムシ、アズキゾウムシ
ハチ目	イエヒメアリ、アワテコヌカアリ、フタイロヒメアリ
ハエ目	ショウジョウバエの仲間、ノミバエの仲間

「人間のための棲家」であるはずの家に、これだけたくさんの「招かれざる客」が棲みついていることに、驚かれた人もいると思います。また、「家」という、最も身近なところに棲みついているにしては、名前も聞いたことがない虫ばかりだと思った人もいるかもしれません。それは、さきほど少しふれたように、名前を挙げた虫の多くが、ごく小さな虫であるからです。

ここに挙げた昆虫の中には、一時的に棲みついたものの、その後、姿を見なくなったものも含まれています。また、これ以外にも、一時的に入り込む昆虫がいます（シロアリの有翅虫は、毎年季節になるとやってきますが、幸い、まだ棲みついていません）。

みなさんの家には、どのような昆虫が出没しますか？　おそらく、家によって、見られる昆虫の顔ぶれは違うと思うのです。

僕は、小さなころから昆虫採集が好きでしたが、他人の家に上がり込んで昆虫採集をすることなんてできません。ですので、あなたの家の昆虫は、ある意味、他の人にとっては「秘境に棲む昆虫」といえるかもしれません。

†シミって知ってる?

「家に出る、化石みたいな虫は何?」

大学職員のOさんから、そんな質問を受けました。話だけではよくわからないので、現物をもってきてもらうと、シミでした。

「シミ? それが名前なんですか?」

そう、問われます。

シミは表12にあるように、シミ目という独自のグループに属している昆虫です。雑食性で、紙、糊、衣類、穀物、乾物などを食べるため、本の間などに入り込んでいることもしばしばあります。このため、漢字では「紙魚」と書いて、シミと読ませます。魚とあるのは、体表が銀色の小さなうろこのようなもの(鱗粉)でおおわれているからで、英語でもシルバーフィッシュといいます。

Oさんが、「化石みたいな虫」というのは、なかなかいい点をついていると思います。なぜなら、シミは成虫になっても翅がないからです。まだ翅を獲得する以前の、昆虫の祖先型を思わせる姿を今に残す昆虫なのです。

「ゴキブリのほうが古いですか?」

Oさんはさらに聞いてきます。どうでしょう?

ゴキブリには、立派な翅があります。ゴキブリは大昔に出現した昆虫であることがよく知られていますが、成虫になっても翅がない分、シミはゴキブリよりも古い出自の昆虫といえます。Oさんは、「これも同じものですか?」と、昆虫の入ったもう一袋の中身も見せてくれました。こちらは、シミの幼虫です。シミの幼虫はサイズを除くと、まったく成虫と同じ姿をしています。幼虫と成虫が同じ姿をしているのも、原始的な昆虫の特徴といえます。シミは、屋内に出没する、生きている化石といえるかもしれません。

大学生からも、シミについての質問を何度か受けたことがあります。屋内昆虫の中でも、シミはある程度、目にとまる存在のようです。そこで、授業の中で、シミの標本を見せ、シミを見たことがあるかどうか訊いてみました。屋内というのは雨が降ることがないので、餌も水分も限られた特殊な環境です。ただし、沖縄の場合、湿度が高く、屋内のいろいろなものにカビが生えます(大学の実験室では、割りばしにさえカビが生えます)。そのためでしょう、それまでに暮らしたことのある千葉や埼玉の家に比べ、沖縄の家ではシミを見る機会が多いように思います。では、いったいどのくらいの割合の学生が、シミを見たことがあると答えたでしょうか。結果、沖縄県内出身の学生二〇名中、一一名がシミを見たことがあると答えました（他県の場合だと、どのような割合になるのでしょう？　機会のある方は、ぜひアンケートを採っていただけないでしょうか）。

沖縄では、約半数の学生がシミを見たことがあると答えたわけですが、その一方で、この昆虫がシミという名前であることは誰も知りませんでした。

†シミの種類の見分け方

シミにも種類があります。

世界中で知られている生き物は、一五〇万種にのぼります。ですので、目にするすべての生き物の名前を知ろうというのは無理です。それでも、やはり名前がわかることで、いろいろなことがわかるということもまた、確かです。

調べてみると、シミ目の昆虫は世界に四〇〇種。日本には一四種。そのうち屋内で見つかっている種類は八種とあります。さらには、この中には、発見例が非常に少ないものもふくまれています。つまり、屋内性のシミに関しては、自分の家で見つかる種類は、数種類の候補の中のどれであるかを判定すればよいということになります。これなら、何とかなりそうです。シミの種類をどうやって見分けるかという文献は、幸い、ネット上にアッ

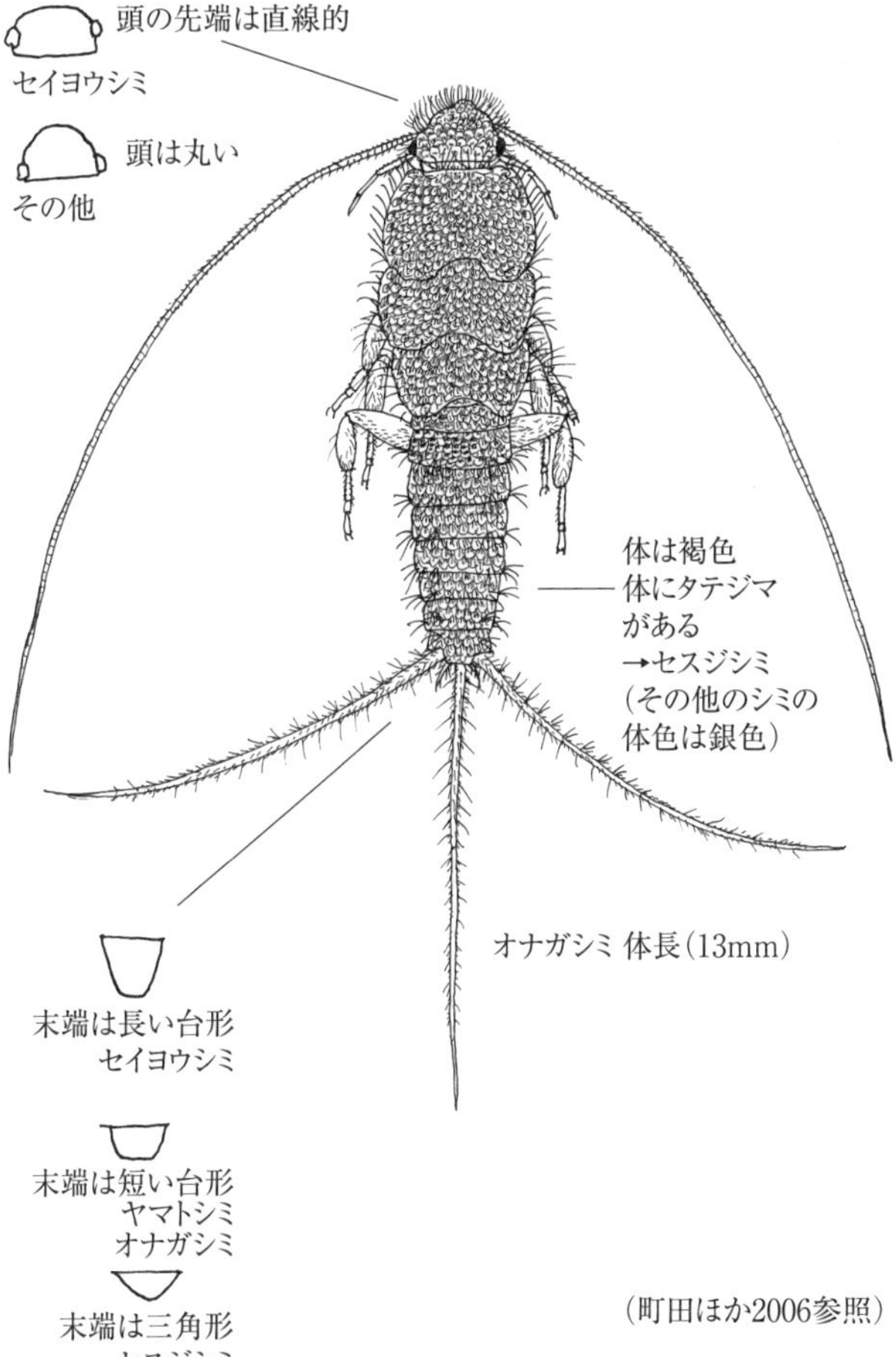

屋内のシミ類見分け方図鑑

表13　主な屋内性シミの見分け方（町田2006より）

セイヨウシミ	→頭の先端は直線的、末端部の体節は細長い台形、体長９ミリ
ヤマトシミ	→頭の先端は丸い、末端部の体節は短い台形、触角は淡黄色、体長９ミリ
オナガシミ	→頭の先端は丸い、末端部の体節は短い台形、触角は淡褐色、体長15ミリほど
※上記３種は基本的に体が銀色	
セスジシミ	→末端部の体節は鈍角の三角形。体色は褐色で、何本かの縦縞がある、体長13ミリ

プされています。

屋内性のシミの種類を見分ける方法についての文献を見てみると、頭部の形と体の末端部の体節の形、鱗粉の色などが同定のキーにあたることがわかります。屋内性のシミとしては、外来のセイヨウシミと日本に昔からいるヤマトシミがその代表ですが、僕の家に出る種類はそのいずれでもなく、オナガシミです。

オナガシミは、汎世界的に暖かい地域で見られる種類で、日本では沖縄のほか、奄美、九州、小笠原などで確認されています。しかし、同じ沖縄でも、学生たちの家に出るシミがすべてオナガシミかどうか、まだ僕は確かめられていません。千葉にある僕の実家にもたまにシミが姿をあらわしますが、そのシミは何という種類なのでしょう。

はたして、皆さんの家には、生きている化石、シミはいますか？

†乾物に要注意

シミ以外の家の中で見られる虫たちについても、少し見ていきましょう。

ある日、「虫がわいている」と妻が言う声が聞こえます。見ると、東京から送られてきた米に、小さな甲虫がわいていました。拡大してみると、前胸のへりに、ぎざぎざの突起がある、体長三ミリの細長い虫です。図鑑を見てみると、ノコギリヒラタムシでした。この虫は、しばらく僕の家に棲みついていましたが、その後、姿を見なくなりました。

それからしばらくして、「虫がついている」と言う妻の声が、また耳に入ります。種子島で農業をしている知人から、乾燥させた穂のままのトウモロコシ（ポップコーン用）が送られてきたのですが、今度はそれに甲虫がわいていました。それもよく見ると、体長三・二ミリのコクヌストモドキ、二・五ミリのコナナガシンクイ、一・九ミリのカドコブホソヒラタムシと三種類もいます。これらの虫も、部屋の中に逃げ出したのですが、しばらくすると姿を見なくなりました。同じように、千葉の友人宅から送られてきたリョクトウに、気がついたらアズキゾウムシがわいていて、一時、この虫が家じゅうを歩き回っていたときもありました。

僕は結構、この室内昆虫採集を楽しんでしまっていますが、このように家に出入りする物品と一緒に、家の外から昆虫がやってきて、やがてまた姿が見えなくなるということがしばしばあるわけです。虫がついていないか、注意を払うべきは、豆類、穀類、そのほか手作りの乾物などが送られてきたときです。

その一方で、ずっと、家の中に棲みついている甲虫もいます。その代表が、タバコシバンムシです。

シバンムシは「死番虫」の意味です。これは英名のデス・ウオッチの訳です。シバンムシ科の甲虫は、世界で二〇〇〇種ほどが知られています。シバンムシの幼虫は主に材木を食べて暮らします。シバンムシの名は、家屋内の材木中で暮らし、かつ、成虫が配偶行動の際に材木に体をうちつけて音を出す習性のある種類がいて、この音を、中世のヨーロッパの人々は、「死の使いがもっている時計の音」と思い込んだことが、由来になっています。

僕が現在住んでいる、那覇のマンションの部屋の中には、こうした材木食のシバンムシは出てきたことがありません。が、古い木造家屋である千葉の実家では、材木食のシバンムシの一種である、ケブカシバンムシを見つけることができて喜んだことがあります。みなさんも、田舎の実家などに里帰りする機会があったら、普段と違った家の虫に出会えないか、気にしてみてはどうでしょう。

僕の家で見つかるのは、雑食性のタバコシバンムシです。この名は、乾燥させたタバコの葉（有毒なニコチンが含まれています）さえ食べてしまうことからきています。ほかにも小麦粉、トウガラシ、カレー粉、チョコレート、ヒマワリの種子、菜《な》種粕《たねかす》などの肥料、干し草、薬草、乾魚など、タバコシバンムシの食害リストを見てみると、そのなんでもぶりに驚かされます。実家では、頻繁にタバコシバンムシを見かけるのですが、いったい何を食べて育っているのかわかりません。文献によると、畳床を食べることもあるというので、ひょっとすると、畳を食べているのかもしれません。

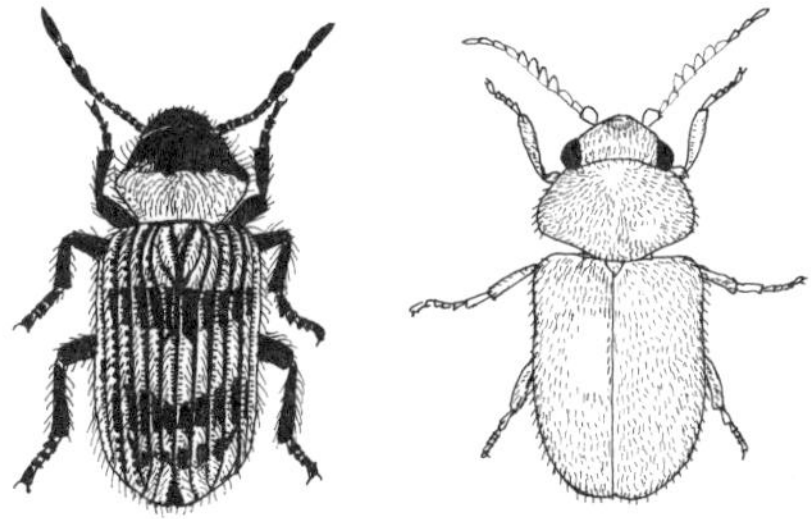

ケブカシバンムシ（4.2mm）タバコシバンムシ（3mm）

二種のシバンムシ

家の虫たちは、特殊環境にくらす興味深き面々です。そして、そうした虫たちのくらしぶりにも、まだわからないことがあるわけです。

3　カタツムリとナメクジ

✝カタツムリって何?

今度は、家の中を出て、庭やベランダで自然観察をしてみることにしましょう。

僕の家はマンションの一室なので、まずはベランダの自然観察をしてみます。

僕の家のベランダにアリが棲みついている話は紹介済みですが、アリのほかに、カタツムリも棲みついています。部屋は七階なので、ベランダはいわば空中庭園のようなものです。ここに植えられている植物も限られていますし、雨が降ってもひさしのために半分以上は濡れないことが多いので、部屋の中ほどではないにせよ、乾燥気味の環境といえます。そんな場所で、カタツムリがよく棲みつづけることができるものだなあと、見るたびに感心してしまいます。もっとも、機会を作って、知人の住むマンションのベランダを見せてもらったことがありますが、そのベランダには一匹もカタツムリは見当たりませんでした。

ところで、学生たちと話をしていると、どうも学生たちは「カタツムリはカタツムリ」

と思っているようです。カタツムリに種類があるなどと、思っていないということです。もちろん、カタツムリにも種類があります。じつはカタツムリは思っているよりも種類の多い生き物のグループです。日本産のカタツムリはおよそ八〇〇種もあるのです。そして僕の家のベランダにさえ、三種類のカタツムリが棲みついています。名を挙げると、ノミギセル、アジアベッコウ、ウスカワマイマイにです。

それぞれの種類について紹介する前に、カタツムリとは何かということについて、説明しておく必要がありそうです。

カタツムリは、一口で言えば、陸上に棲むようになった貝（軟体動物）です。

僕の自然との関わりは、小学生時代、海辺で貝殻を拾い集めることから始まりました。小さいころから貝類図鑑を座右の書にしていたので、僕にとってはカタツムリが貝の仲間であることに、まったく違和感がありません。しかし学生たちの話を聞くと、カタツムリは海の貝とは別の、「カタツムリ」という独自のグループの生き物と考えているようです。

カタツムリは貝の仲間なわけですから、カタツムリとは何かを考える場合は、まず、貝の仲間そのものから考える必要があります。

貝（軟体動物）の仲間は、全部で八つのグループから成り立っており、そのうちよく知られているのが、巻貝（腹足類）、二枚貝、イカ・タコ（頭足類）の三グループです。巻貝

（腹足類）も多くのグループで構成されています。もちろん、巻貝の本拠地は海の中です。そして、そのうちのいくつかのグループから、独自に陸上で生活をする巻貝が進化しました。そのような陸上で生活をする巻貝をひっくるめてカタツムリと総称しているのです。

†ベランダのカタツムリさがし

では、ベランダで見つかったカタツムリについて、個別に見ていくことにしましょう。ベランダで見つかった三種のカタツムリの中で、ウスカワマイマイは直径が二センチほどの丸っこい殻をもっています。ウスカワマイマイは巻貝の中の、有肺《ゆうはい》類・柄眼目《へいがん》オナジマイマイ科というグループに属するカタツムリです。雑草にも、いろいろな科に属する植物がありましたが、カタツムリも、いろいろな科の貝たちの集まりです。「でんでんむし」と始まる童謡「かたつむり」の歌詞カードなどに描かれている、「いわゆるカタツムリ」も、オナジマイマイ科のカタツムリです。オナジマイマイ科のカタツムリこそ、日本のカタツムリの代表といえるでしょう。なお、ウスカワマイマイは本土にも見られる種類ですが、沖縄のものは、多少の違いがあるということで、亜種（同じ種の中での、地域差の見られる個別グループの名称）のオキナワウスカワマイマイとされています。ともあれ、ウスカワマイマイは沖縄島では、人里でもっともふつうに見かけるカタツムリで、那覇の

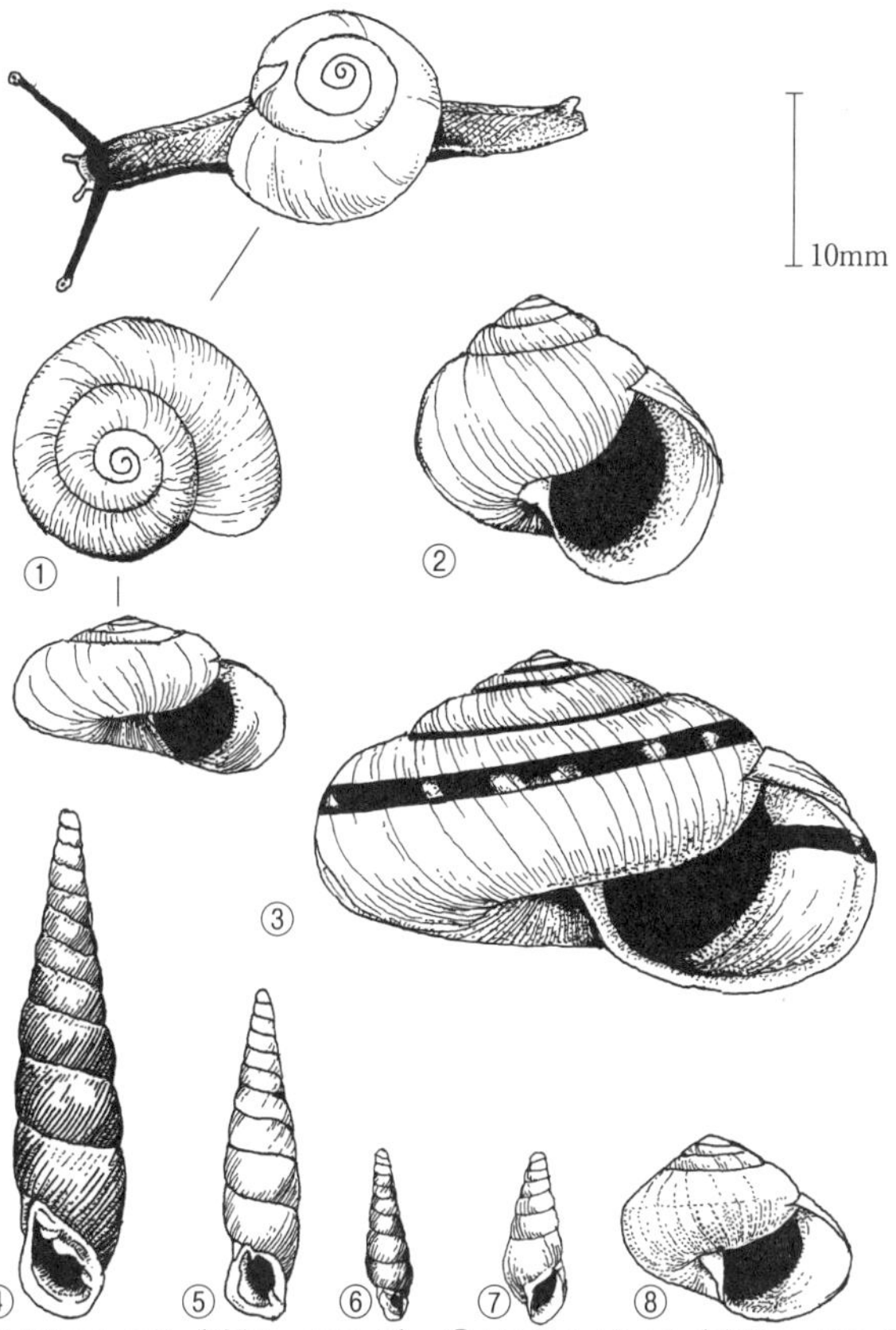

①アジアベッコウ（沖縄・ベランダ）②ウスカワマイマイ（沖縄・ベランダ）③ミスジマイマイ（千葉・庭）④ナミギセル（千葉・庭）⑤ヒカリギセル（千葉・庭）⑥ノミギセル（沖縄・ベランダ）⑦トクサオカチョウジガイ（千葉・庭）⑧コハクオナジマイマイ（千葉・庭）

庭やベランダのカタツムリ図鑑

街中にある、僕のマンションの周囲でもごくふつうに見かけます。

アジアベッコウは、ウスカワマイマイとは別のグループとなる、有肺類・柄眼目ベッコウマイマイ科のカタツムリです。ベッコウマイマイ科は、オナジマイマイ科のカタツムリに比べると殻が薄く、その名の通り、殻はべっこうアメのような色をしています。また、アジアベッコウは、外来種で、二〇〇三年以降、沖縄県や愛知県、三重県などで見つかるようになったものです。沖縄島では急速に分布を広げ、人里の周囲では普通に見かけるカタツムリになりつつあります。僕の家のベランダには、おそらく僕が持ち込んだ土かなにかについて入ったのだと思うのですが、一時かなりの個体数に増えたものの、最近はそのころに比べるとだいぶ数が減りました。

ノミギセルは有肺類・柄眼目のカタツムリの中で、海の貝のように細長い形の殻をもつキセルガイ科の一員です。キセルガイというのは、その殻の形が、昔タバコを吸うのに使った、煙管の形に似ているところからきています。フィールドワークに行った際、このキセルガイを見つけた学生は、「これもカタツムリ?」と驚いたりするのですが、たとえば、そんなキセルガイの仲間もベランダの住人だったりするわけです。

キセルガイは世界の中でも、ヨーロッパ、アジア、南米の三か所に多くの種類が見られ、そのほかの地域には、ほとんど、またはまったく棲息をしていないという、特徴的な分布をみせます。おもしろいことに、世界的に見て、日本はキセルガイの多産地で、二〇〇種近くが知られています（イギリスでは六種しか知られていないので、日本がいかに多産地かがわかります）。

ノミギセルはキセルガイの中では小型の種類で、殻の大きさは一センチほどです。僕の家のベランダでは、植木の土の上や、植木鉢の下などに、たくさん棲みついています。ノミギセルは沖縄にもともといたカタツムリで、珍種というほどではありませんが、かといって、どこでも見つかるというわけでもありません。そのノミギセルが、やはり何かにまぎれて、僕の家のベランダにやってきて、そこに生息場所を確保したわけです。

三種は、すべて有肺類・柄眼目に所属するカタツムリなのですが、柄眼目のカタツムリにも、さまざまな形のものがあることがわかります。では、これが、ベランダではなく、庭だったら、どんなカタツムリが見つかるのでしょう？

家の中ほどではありませんが、ベランダもかなり特殊な環境といえるでしょう。カタツムリがこうした場所で見られるということは、どんな環境の庭でも、カタツムリは棲みつくことができるのではないでしょうか。

見たことない？

本当に？

では、庭のカタツムリを探してみましょう。

†カタツムリからわかること

僕は房総半島先端にある海辺の街、館山で生まれ育ちました。

実家は、駅から三〇分ほど歩いた街はずれに、同じような古びた家々や畑とならんで建っています。僕の実家は、生垣が常緑樹のマテバシイなので、ほとんど日陰で、庭にいると、なんだか林の中にいるかのようなかんじさえします。家の庭に、いわゆるカタツムリ型の大型カタツムリがいることは、子供のころから見知っていました。これはミスジマイマイです。関東地方で普通に見かけるカタツムリで、殻の直径は三五ミリほどあります。

さて、あらためて実家の庭のカタツムリを探してみることにしました。

カタツムリの研究者と一緒に、森でカタツムリを探したことがあります。その研究者の手に握られていたのは、潮干狩りをするときに使う、小さな熊手でした。これで、落ち葉をかき分けカタツムリを探すのです。まるで、山で潮干狩りをしているよう。その姿を見て、奇異な思いにとらわれました。

庭のカタツムリを探すときも、熊手を使わないまでも、「潮干狩り」をするような心持は必要です。カタツムリの先祖をたどれば、海の貝にいきつきます。陸上で暮らしていても、水とは縁が切れません。つまり、天気のいい昼間などは、落ち葉や石の裏に隠れているわけです。ただ、庭をぶらぶらしていても、カタツムリが目に入るわけではないのです。

庭の「潮干狩り」を始めてみます。

ミスジマイマイとは別の、小型でごく薄い殻をもち、殻の中の内臓が半分透けて見える（黄色をしています）カタツムリが落ち葉の下から見つかります。このカタツムリは、僕が子供時代には庭では見かけなかったものです。このカタツムリの名前はコハクオナジマイマイといい、鹿児島県の大隅半島で最初に見つかり、名前がつけられたカタツムリです。ところが一九九一年から千葉県南部でこのカタツムリが見つかるようになりました。おそらく何かと一緒に九州方面から運ばれてきて、定着したものなのでしょう。ベランダに棲みついたアジアベッコウといい、カタツムリの仲間には、このように本来の生息地から人によって移動し、別の場所に棲みつく例がしばしば見られます。

さらに庭先に転がる材木の裏からは、キセルガイ科のナミギセルとヒカリギセルが見つかりました。いずれもキセルガイ科特有の細長い殻をもっていますが、ベランダのノミギセルに比べるとずいぶんと大きな種類です。子供の頃から親しんできた庭ですが、「潮干狩り」をするまで、こうしたカタツムリが棲みついているなんて気づいていませんでした。

カタツムリの専門家に僕の実家からナミギセルとヒカリギセルが見つかったことを話す

と、「結構、林っぽい庭ですね」というコメントが返ってきました。先に書いたように、僕の実家の庭は、まさに林の中のような感じです。カタツムリの専門家はカタツムリを見るだけで、庭の環境がわかるのです。逆に言うと、庭の環境によって、見つかるカタツムリには違いがあるということになります。

加えて、実家の庭からは、オカチョウジガイ科という、やはりキセルガイのように細長い殻をもつカタツムリの仲間も見つかりました。オカチョウジガイの仲間は、全体的にキセルガイの仲間よりもずっと小さいのですが、それ以外にも両者には大きな違いがあります。オカチョウジガイは右巻きなのですが、キセルガイはいずれも左巻きなのです。僕の実家の庭に棲んでいたのは、殻の長さが一一ミリほどの、トクサオカチョウジガイという、外来種でした。

†小さいカタツムリに注目する

僕は高校卒業後、大学進学時に実家を出ました。学生時代を過ごしたのは、千葉市の街中の住宅街の下宿でしたが、そこにどんなカタツムリが棲んでいたのか、まったく記憶がありません。その後、大学を卒業した僕は、埼玉の飯能で理科教員としての生活を送ることになりました。飯能は池袋から西武線の急行列車に乗って五〇分ほど。関東平野のどんづまりで、低い丘陵が並び、背後の山地へと続く場所に位置しています。飯能では、駅から歩いて二〇分ほどの距離にある、雑木林に隣接する、畑地を造成した住宅地の中古住宅に住んでいたことがあります。その家には、猫の額ほどの半日陰の庭もありました。その庭のカタツムリについて調べてみたことがあります。

カタツムリは一般には移動能力が低く、そのため環境だけでなく、地域によっても見られる種類に違いがありそうです。千葉の実家も、埼玉で暮らしていた家も、郊外に建っているという点では似ていましたが、見つかるカタツムリには違いがあるでしょうか。

庭のカタツムリ・ウォッチングをする際に、注意点がひとつだけあります。「潮干狩り」を行うつもりで、隠れたカタツムリを探し出すわけですが、カタツムリの中には、目をこらさないと見えないような小型の種類が少なくありません。そのようなカタツムリは、「小さなサイズのカタツムリがいる」ということを知っていないと、目に入っても気づきません。大きさが数ミリ程度のカタツムリがいることも念頭において、庭のカタツムリ調査はじっくり行う必要があります。また、縁側の柱の下などには、小型の種類の殻が吹き寄せられていることがあるので要注意です。

調べた結果、飯能の庭からは八種類のカタツムリが見つかりました。

一番大きなものは、千葉の実家で見つけたものと同じ、ミスジマイマイです。そのほか

パツラマイマイ（直径5.5mm）

に、ウスカワマイマイ、オナジマイマイ、ベッコウマイマイの一種、キビガイの一種、パツラマイマイ、オカチョウジガイ、ホソオカチョウジガイが見つかりました。猫の額ほどと思っていた庭から、思っていた以上に、いろいろな種類が見つかってびっくりです。

なかでもおもしろいなと思ったのは、パツラマイマイが見つかったことです。殻の直径が四・五ミリほどの、ややひらたい殻をもつカタツムリで、殻の表面には、成長肋《せいちょうろく》と呼ばれる少し隆起した線が何本も並んでいます。小型ながら、アンモナイトを連想させるような形をしているカタツムリです。

パツラマイマイは、北方系のカタツムリであると本には書かれています。実際、北海道の友人がキノコを送ってくれたことがあるのですが、ふと気づくと、小包の中にはキノコに紛れて、パツラマイマイが入っていました。このような混入がおこるほど、おそらく北海道ではふつうにみられるカタツムリなのだと思います。しかし、埼玉の家の庭からパツラマイマイが見つかるなんて思ってもいませんでした。さきほど、カタツムリは移動能力が低いと書いたのですが、殻の直径が四・五ミリほどの、この小型のカタツムリは、ロシアから北海道、関東にかけて、広く分布をしています（分布の西限は鳥取県の擬宝珠《ぎぼし》山《やま》の山頂とされています）。いったいどうやって、このような広い地域に広がることができたのでしょう。なお、なぜか、南の島である八丈島にもパツラマイマイは棲息をしています。

庭によっても、見ることのできるカタツムリには、いろいろな違いがあるはずです。みなさんも、庭でカタツムリの「潮干狩り」をしてみませんか？

†ナメクジとは何か

庭先で見つかるのは、カタツムリばかりではありません。ナメクジが見つかる場合もあります。

学生たちの話を聞いていると、「カタツムリが殻を脱ぎ捨てると、ナメクジになる」と思っている学生がいることがわかります。どうやら、ヤドカリと混同しているようなのです（逆に言えば、「ナメクジが殻に入ってカタツムリに戻る」とも思っているわけです）。ナメクジはカタツムリと同じ、陸上に棲む貝（軟体動物）の仲間です。陸上に棲む殻のある貝をカタツムリ、殻を退化させた貝をナメクジと言うと、言いかえてもいいでしょう。人家回りでよく見つかるチャコウラナメクジの場合、よく見ると、背にふくらみ（盾と呼ぶ）があり、この中に、退化して皿状になった貝殻の名残が隠されています。

ナメクジにもいろいろ種類があります。その名もナメクジという種類の場合は、チャコウラナメクジとは異なり、殻はまったく退化して、影も形も残っていません。ナメクジとチャコウラナメクジは、同じナメクジといっても、所属している科も違っています。ナメクジはナメクジ科、チャコウラナメクジはコウラナメクジ科に属しています。

生き物の形には「れきし（歴史）」と「くらし（暮らし）」が関わっています。

じつは、ナメクジというのは、カタツムリのいろいろなグループの中から、独自にナメクジ化したものたちの総称なのです。

つまり、ナメクジというのは、「くらし」にあわせた「かたち」であることになります。そのため、「れきし」を別にするもの、つまり、別のグループのカタツムリが、それぞれ別個にナメクジ化していたりするのです。

たとえば沖縄には、ヒラコウラベッコウというナメクジがいます。ヒラコウラベッコウは、ベッコウマイマイ科のカタツムリの中で、殻を退化させた種類です。すなわち、ナメクジやチャコウラナメクジとは、まったく別のカタツムリの仲間がナメクジ化したものなのです（なかには、西日本以南に分布するイボイボナメクジや、琉球列島で見られる外来種のアシヒダナメクジといった、ほかのナメクジ類とはまったくグループの異なるナメクジもいます）。

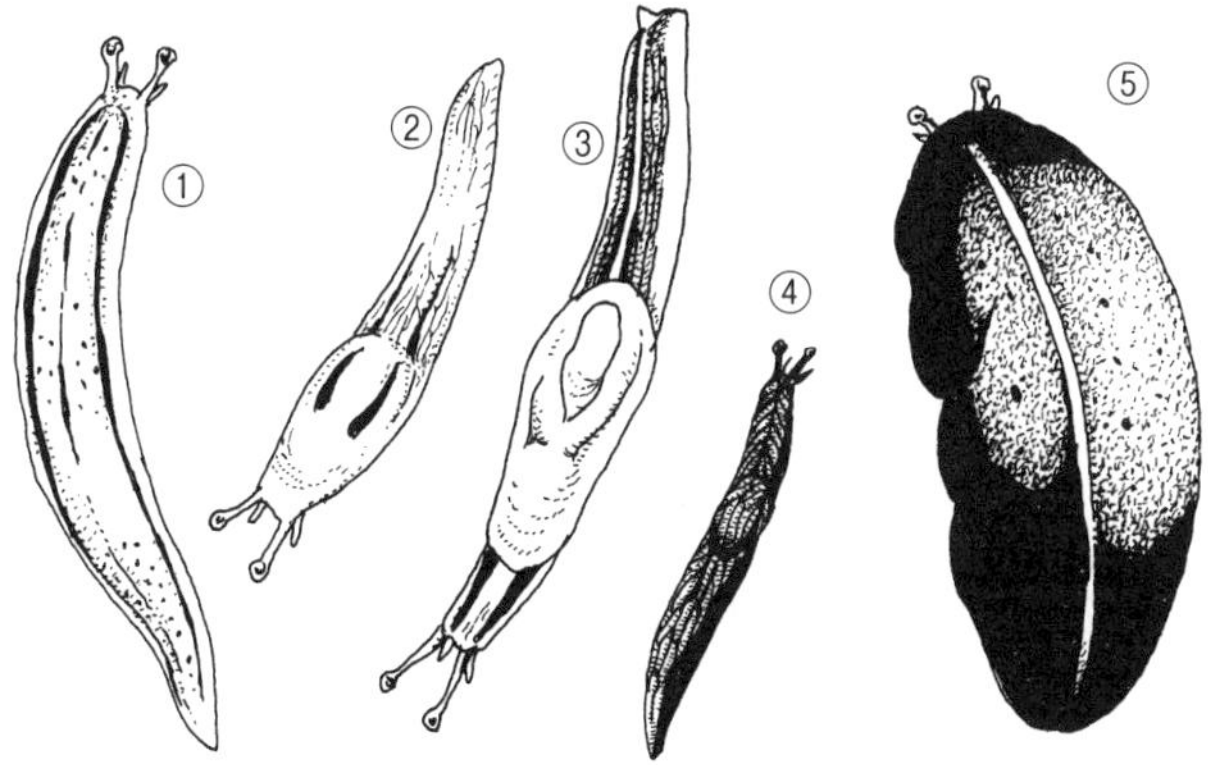

①ナメクジ　②チャコウラナメクジ　③ヒラコウラベッコウ
④ノハラナメクジ　⑤アシヒダナメクジ

庭のナメクジ図鑑

つまり「れきし」を異にするものでも「くらし」にあわせて姿が似ることがあるという収斂《しゅうれん》現象の例の一つを、ナメクジで見ることができるのです。

カタツムリは殻を作るのにエネルギーが必要ですし、殻の材料のカルシウムも必要です。また、殻があると動きに制約がかかりますし、狭いところに入るのには不自由します。一方、殻をなくしてしまうと、乾燥や天敵から身を守るために、殻以外の工夫が必要とされます。その両方を天秤にかけ、殻を捨てる方向への進化が何度もおこったということです。

†庭のナメクジの出身は？

庭で見られるナメクジ類の中でも、ナメ

クジとチャコウラナメクジでは、前者は在来種で、後者は外来種（ヨーロッパ原産）であるという違いがあります。

ナメクジには外来種が多く見られます。最近、在来種のナメクジはチャコウラナメクジにおされて減少しているのではないかとも言われています。

また、『原色日本陸産貝類図鑑』では「日本全土に分布し、著しく増加している」と書かれているコウラナメクジという外来種のナメクジがいるのですが、コウラナメクジは現在、まったく姿を見ることがありません。一九六〇年代以降にコウラナメクジとチャコウラナメクジが入れ替わったのではないかという指摘がなされています。

さらに近年、ヨーロッパ原産の大型になるマダラコウラナメクジが移入されたことが報告されており、今後分布を拡大していくのかという点が注目されています。このように、時代によって、庭で見られるナメクジに変化がおきているのです。

庭には、樹木が植えられています。そうした樹木に、野外から虫たちが集まってきます。また、庭木の実を目当てに集まってきた鳥が落とした糞から、植えてもいない種類の植物が生え出すこともあります。こうした意味で、庭は森や林といった、庭の周囲に存在している、より自然度の高い環境とつながっています。一方で、庭は、人間のつくりだした自然環境でもあります。そのため庭は、人為的な環境にマッチし、人間の移動によって分布

表14　庭のナメクジのチェック表

体表には突起はないが、ざらざら感がある→**アシヒダナメクジ**
体表には突起はなく、かつなめらか
　→背にはふくらみはない→**ナメクジ**
　→背にはふくらみがある
　　→全身が黒い→**ノハラナメクジ**
　　→全身は黒くない
　　　→まだら模様をもつ→**マダラコウラナメクジ**
　　　→まだら模様はもたない
　　　　→首からふくらみにかけて、２本の縦線がある。ふくらみは体の中央より前→**チャコウラナメクジ**
　　　　→縦線はない。ふくらみは体の後より→**ヒラコウラベッコウ**

域を拡大する移入種が棲みつきやすい環境ともなっています。ナメクジの交代劇はそれを示す例でしょう。つまり、庭は自然と人為がせめぎあう場といえるのではないでしょうか。

もちろん、持ち主によって、庭の有様もさまざまで、より自然的な環境の庭もあれば、より人為的な環境の庭もあります。

みなさんの家の庭にはどんなカタツムリやナメクジがいるでしょうか？

なお、カタツムリの種類調べには、『原色日本陸産貝類図鑑』（東正雄、保育社）が最も詳しいのですが、現在、入手しにくい本になっています。そこで、かわりに美しい写真でカタツムリを紹介している手ごろな図鑑として、『カタツムリハンドブック』（西浩孝・武田晋一、文一総合出版）をおすすめします。

4　ダンゴムシ

†ダンゴムシって虫？

　僕が普段、授業やゼミで顔をあわせている大学生は、小学校の教員養成課程の学生たちです。将来、小学校の先生を目指して勉強をしているわけです。ところが、理科の授業もあるのに、学生たちの大半は虫が嫌いだったり、虫に興味がなかったりします。そこで、将来、子供たちと虫を介してもやりとりができるよう、野外で虫を観察したり、採集をしたりする授業を行っています。その授業の中で、大学構内での虫捕り大会を毎年行っています。探してみると大学構内だけでも、案外、いろいろな種類の虫が見つかります。受講生を四つのチームにわけ、二〇分ほど構内を探させると、二〇～三〇種ほどの虫を見つけることができるのです。

　虫捕り大会を始めるにあたって、「昆虫が対象だよ」と繰り返し言うのですが、「カタツムリは？」とか「ミミズは？」と質問をされてしまいます。日本語の虫の指し示す範囲は広く、カタツムリとミミズをそれぞれ漢字で書くと「蝸牛」「蚯蚓」であることからわかるように、かつては両者とも虫の部類に入れられていたものです。一方、昆虫というのは、節足動物の中で、体が頭・胸・腹に分かれているもの（さらに多くの場合、翅があるもの）という、共通祖先から分かれたために形に共通の特徴があるものたち（「れきし」をともにするものたち）をさし示します。こうしたやりとりを経ても、捕まえてきた虫の中には、昆虫以外の虫が含まれていたりします。ある年の場合は、ダンゴムシが入っていました。しかし、このとき僕は、ダンゴムシを捕まえてきた学生にがっくりくるよりも、大喜びをしてしまいました。なぜなら、大学構内でダンゴムシを見たのは初めてのことだったからです。

大学構内や家の庭など、ダンゴムシはどこにでもいると思われるでしょう。しかし、その「常識」は、どこにでも通用するわけではありません。

ダンゴムシとは何かについて、少し説明をしてみます。

ダンゴムシは、昆虫と同じく節足動物の一員です。ただし、昆虫とは別の、甲殻類という動物群に含まれています。もう少し細かく言うと、甲殻類・等脚目の中のワラジムシ亜目というグループに含まれているのがダンゴムシの仲間ということになります。

甲殻類の代表といったら、カニやエビです。すなわち甲殻類は基本的に水中生活者です。

海の貝が陸に進出してカタツムリになったように、甲殻類の中で陸上に進出したのがダンゴムシなのです。ダンゴムシと同じ等脚類で、まだ水中生活をしているものもいます。魚釣りが好きな人は、海の魚を釣ったとき、口の中にダンゴムシみたいな寄生虫が入っているのを見たことがあるのではないでしょうか（ウオノエと呼ばれる仲間です）。このような水中生活をしている等脚類から、やがて陸上生活を送るものが生まれました。海岸の岩場で見かけるフナムシも等脚類の一員です。フナムシの場合は陸上生活といっても、完全に海から離れることはできていません。

ダンゴムシを含むワラジムシ亜目は、現在世界で三六〇〇種以上が報告されています。よく知られているように、一見同じような姿をしているものの、体をボール状に丸めることのできるダンゴムシに対し、体を丸めることのできないワラジムシと呼ばれるものもいます。

†ダンゴムシに見る外来種・在来種

いったい、庭にはどんなダンゴムシが棲んでいるでしょう。上京した折に、本書の編集者であるKさんのお宅（神奈川県横浜市戸塚区の住宅地）におじゃまし、庭のダンゴムシ探しをさせてもらいました。すると、Kさんの家の庭からは、三種類の等脚類が見られました。オカダンゴムシ、ワラジムシ、ホソワラジムシです。

ダンゴムシにも種類があります。一番、普通に見かける、「ザ・ダンゴムシ」とでもいうべき存在は、オカダンゴムシです。このオカダンゴムシ、じつは外来種です。オカダンゴムシは地中海沿岸原産で、明治以降、日本にやってきたものです。ナメクジにも、在来種と外来種があったように、ダンゴムシも外来種のオカダンゴムシだけでなく、コシビロダンゴムシという在来種がいます。オカダンゴムシは同一の種類が日本全国に広がっていますが、コシビロダンゴムシのほうは、地域によって異なった種類が見られます。ただ、コシビロダンゴムシの仲間の種名の特定は難しいので、本書ではひとまとめにコシビロダンゴムシとしておきたいと思います。

横浜国立大学のキャンパス内でオカダンゴムシとコシビロダンゴムシがどのように棲み分けているかを調べた研究によると、植え込みのようなところにはオカダンゴムシが多く見られたのに対し、本来の植生である照葉樹林内にはコシビロダンゴムシが多く見られたそうです。コシビロダンゴムシは、落ち葉が厚く積もり、湿気が十分にある場所を好む傾向があります。一方、オカダンゴムシは、陸生の等脚類の中でも、最も乾燥に強い種類で、そのため都市部の庭や植え込みなどにも棲みつくことができます。オカダンゴムシとコシビロダンゴムシは一見、よく似ていますが、体の最後尾の体節の形が異なっています。オカダンゴムシでは三角形をしていて、コシビロダンゴムシでは分銅のように中央でくびれた形をしているのです。

カタツムリやナメクジには外来種が多く見られましたが、ダンゴムシの仲間も、園芸植物と一緒に移入される機会が多いと考えられます。日本の人里に見られる陸生等脚類の中で、ナガワラジムシ、ワラジムシ、クマワラジムシ、オビワラジムシ、ホソワラジムシ、ハナダカダンゴムシ、オカダンゴムシは外来種です。つまり、Kさんの家の庭で見つかった等脚類は、三種ともすべて外来種だったのです。等脚類は、カタツムリよりも、人為の影響を強く反映するということになりそうです。

たまたまハワイの陸生等脚類についての論文を読む機会があったのですが、ハワイには固有の陸生等脚類もいる一方で、ナガワラジムシ、ワラジムシ、クマワラジムシ、オビワラジムシ、ホソワラジムシ、オカダンゴムシと、日本とほぼ一緒の移入等脚類が棲みついていると書かれています。このことからも、これらの陸生等脚類がいかに世界的に広がっているかがわかります。

†沖縄ダンゴムシ事情

外来種の等脚類は、世界的に広がっているというのに、興味深いことがあります。僕の

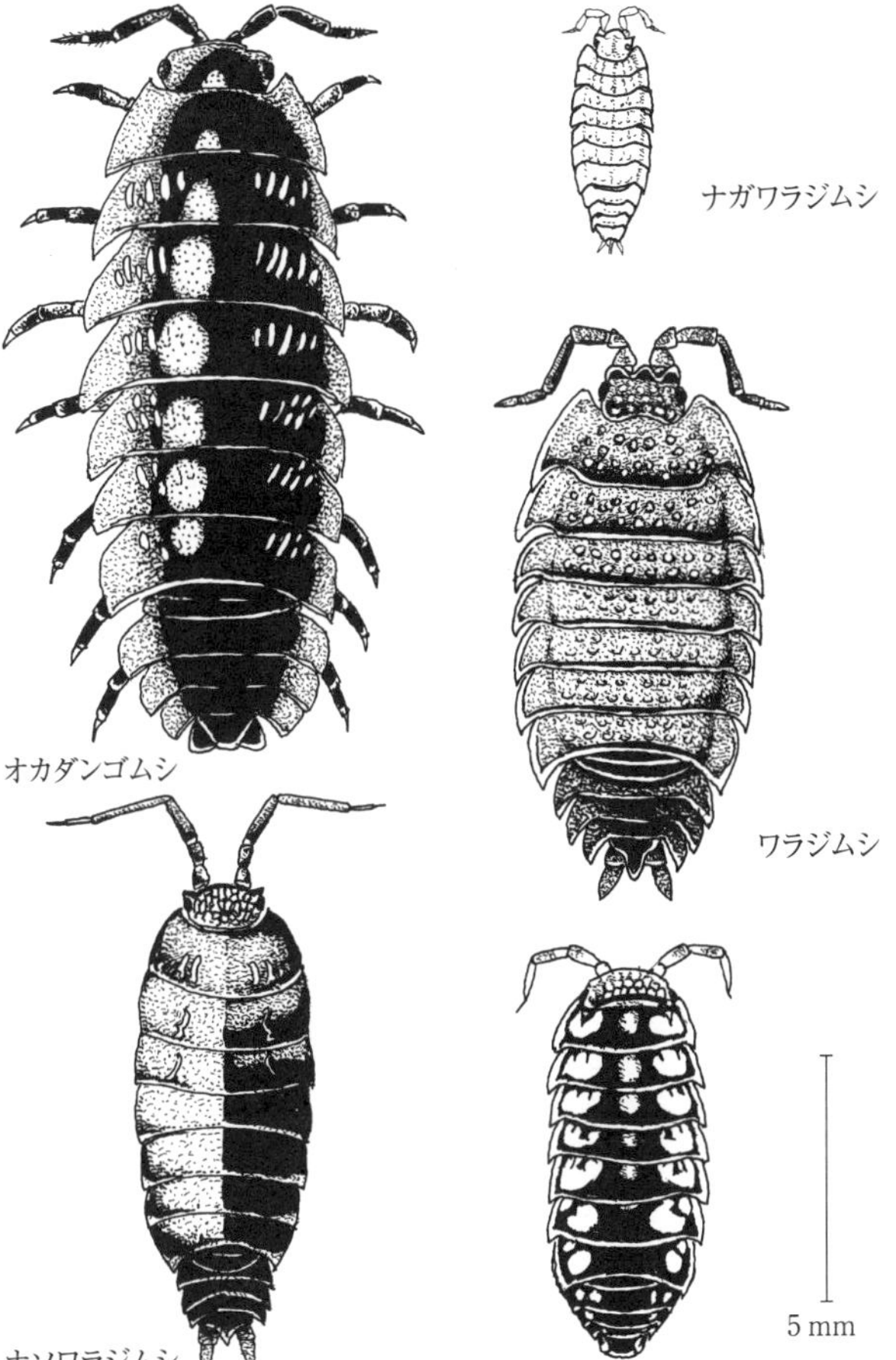

ダンゴムシ図鑑

大学の構内では、石をめくっても、ワラジムシもオカダンゴムシも見つからないのです。沖縄県からは合計一一種のコシビロダンゴムシの仲間が見つかっている一方で、全国的に普通に見られるオカダンゴムシが、なぜかほとんど棲みついていません。沖縄島においてのオカダンゴムシの生息状態を調査した結果を報告した論文では、一九八〇年から一九九九年までの調査においてオカダンゴムシは確認されず、二〇〇〇年の調査においても、見つけることができたのは、那覇の港近くの一か所のみという結果になっています。ただし、僕は、沖縄島北部のダム周辺でもオカダンゴムシを見つけたことがありますし、次男の通っている保育園の庭でもオカダンゴムシが棲みついているのを確認しているので、実際には沖縄には複数個所のオカダンゴムシの生息場所があることは確かです。いずれの場所も、どこかから荷物に紛れて入り込んだと思われます。

沖縄島ではオカダンゴムシがほとんど見当たらないということに気づいてから、奄美大島や徳之島に行く機会に、気をつけてみました。するとI両島では、あっさりとオカダンゴムシを見つけることができました。奄美大島では空港近くの道路わきと、古仁屋《こにや》という南部の街中の人家の庭で見つけましたが、全島的な調査をしていないので、どのくらい普通に見られるものなのかはわかりません。徳之島では亀徳という町の道路わきで見つけたのですが、空港近くの民家わきでは、落ち葉をいくらかきわけてみても、見つかりませんでした。ただ、徳之島ではあちこちで、ホソワラジムシがたくさんいることに気がつきました（沖縄島ではホソワラジムシも見ていません）。このように、琉球列島の島によっても、オカダンゴムシの生息状況はいろいろなようです。

ところで、先に書いたように、授業の中の虫捕り大会で、大学の構内で学生がダンゴムシを見つけました。これは、いったい何ダンゴムシなのでしょう？　最後部の体節の形を確かめてみると、種名まではわかりませんが、コシビロダンゴムシです。どうやら沖縄では、都市的な環境でも、オカダンゴムシに代わってコシビロダンゴムシが棲息しているようなのです。なぜ沖縄島ではオカダンゴムシがほとんど見られないのでしょう。逆に、なぜコシビロダンゴムシが街中でも見られるのでしょう。これらの疑問は、まだ謎のままです。

なお、身近な陸生等脚類に興味をもち、名前を知ろうと思ったら、『ダンゴムシの本』（奥山風太郎・みのじ、ＤＵ　ＢＯＯＫＳ）がおすすめです。大変わかりやすく、身近で見ることのできる陸生等脚類各種を紹介している図鑑です。

「あたりまえ」を疑うには、何が自分にとって「あたりまえ」であるのかを知ることが必要です。自分の家の中や、ベランダ、庭先で見ることのできる自然こそ、自分の足元にあ

表15　庭の等脚類のチェック表

- 体が丸まる
  - 最後尾の体節が三角形→**オカダンゴムシ**
  - 最後尾の体節が分銅型→**コシビロダンゴムシ類**
- 体が丸まらない
  - 体が小さく（３～４ミリ）、全体に白っぽい→**ナガワラジムシ**
  - 体は中くらい（12ミリほど）
    - 体表は粉を吹いたように白っぽい→**ホソワラジムシ**
  - 体が大きい（15ミリ以上）
    - 体はつるつる。大型になる（20ミリ）。西日本から南日本→**クマワラジムシ**
    - 体表はざらざら
      - 最普通種（ただし九州・沖縄は除く）→**ワラジムシ**
      - ワラジムシに比べ、横幅がある。関東地方のみ→**オビワラジムシ**
      - ※そのほか、在来のワラジムシ類がいる

る「あたりまえ」の自然です。まずは、足元の自然に親しんでおくことが大事です。

しかし、その「あたりまえ」の自然は、何かと比較することで、「あたりまえ」でないことが見えてきます。すると、がぜん、おもしろくなります。いったい、何が「あたりまえ」なのでしょう。はたまた、なぜ、「あたりまえ」でないことは、「あたりまえ」ではないのでしょう。

疑問を見つけること。このことこそ、自然観察のかなめです。

第五章 台所

ゴーヤー(雑草型)

1　果物たち

†カキの実の観察

身近な自然を探して、通勤路から街中の公園、そして家の中や庭先を探検してきました。ここまでで、少し、自然観察に対してイメージや興味をもつことができたでしょうか。本章では、「こんなところでも自然観察」という応用例として、台所での自然観察をテーマに取り上げてみたいと思います。

自然はいつも「そこ」にある。ただ「それ」に気づかないだけ。

ここでもこのフレーズに立ち返ってみることにしましょう。食材は、元をたどれば生き物です。すなわち、台所は野菜や果物といった、多くの種類の生き物に出会える、自然観察のフィールドなのです。

「草は草とまとめて呼んでもかまわない」と思っている中学生だって、野菜や果物の名前なら知っています。野菜や果物は、最も身近な植物といえるかもしれません。

では、普段見知っているはずの果物や野菜を手にとり、しげしげと眺めてみることにしましょう。それまで「あたりまえ」だと思って、見落としていたことがあるのではないでしょうか。

果物にもいろいろありますが、たとえば手のひらにカキをのせてみましょう。つるつるした、オレンジ色の果皮をした実の一端には、ヘタと呼ばれる部分があります。ヘタの中央には、枝のついた痕もついています。最近は種なしの品種も増えていますが、実の中には、本来は、種子が入っています。

では、僕らが口にする、この果物とはいったい何なのでしょうか。

果物は、植物の果実です。では果実とはなんでしょう。それは、花が咲いた後にでき、中に種子が含まれているものです。植物にも「れきし」があります。もともと植物の先祖は、海の中で生活を送っていた海藻の仲間でした。そのころの植物には花もなければ、種子もありませんでした。やがて植物は陸上に進出し、乾燥に耐えて生活し、子孫を残すしくみを発達させました。水中生活の場合、受精は水を仲立ちとして行います。しかし、陸上では、なかな

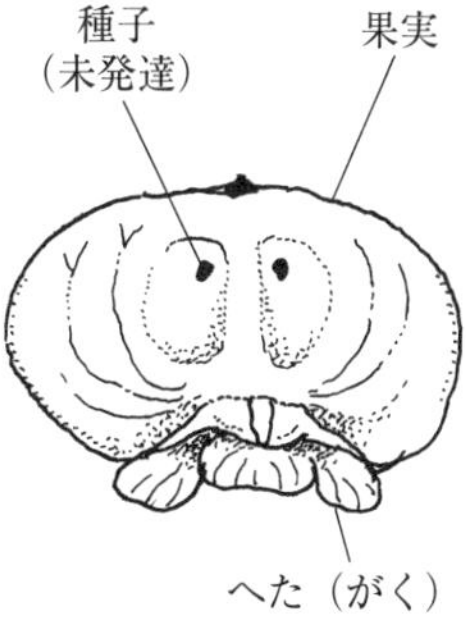

カキの実の断面

か、そうはいきません。そこで、花粉と呼ばれる精子を空中移動させるしくみを作りだし、さらには、その花粉を確実に雌蕊《めしべ》で受け取るしくみが発達していきました。花というのは、そのようにしてできあがったものです。また、同じように、より確実に陸上で子孫を残すしくみとして、花をつける植物は種子というものを作り上げるようになりました。植物学的に言うと、花の中の子房と呼ばれる部分が発達したものが果実ということになります。

カキの実に戻ってみましょう。

カキの実は、もともと花が咲いた後にできたものであることは、実にヘタがついていることからもわかります。カキの実のヘタは、花のがくが変化したものだからです。実は、種子が未熟なうちは、それを守る働きももっています。カキの実は熟さないものは、青く、渋いですね。これは「まだ食べられないよ」「実際口にしたらおいしくないよ」と知らせるしくみで、渋みの正体はタンニンと呼ばれる成分です。そして、本体、すなわち食べるところは、子房が大きくなったところなのです。

もっとも、カキは秋にならないと店先で目にすることはありません。それに対して、リンゴなら、年中、店先で目にすることができるでしょう。それなら、なぜ、リンゴを使って実の説明をしなかったかというと、それはリンゴのほうがカキよりも複雑なつくりをしているからです。

†リンゴに見る花の痕

今度はリンゴを一つ、手の上にのせてみましょう。リンゴの実も、もともとは花でした。となると、どこかに花のなごりがあるはずです。それを探してみることにしましょう。リンゴの一端には、枝がついています。その反対側にへそのようなくぼみがあります。このくぼみをよく観察するには、縦に二つ切りにしてみるとよいでしょう。くぼみは、リンゴの中心部に向かって漏斗状になっていることがわかります。その途中に、五枚の小さな突起があり、その内側に小さな黒い糸くずのようなものがあります。この五枚の小さな突起ががくのなごりで、黒い糸くずのようなものが、雄蕊《おしべ》や雌蕊のなごりです。このようにリンゴの実からも花のなごりをさがすことができます。

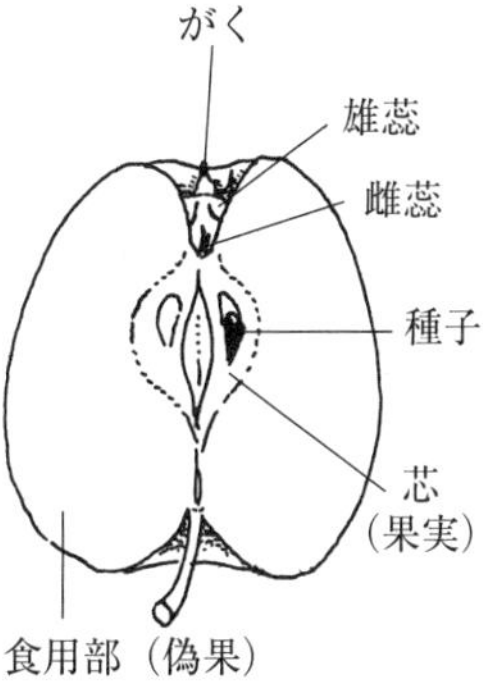

リンゴの実の断面

カキとリンゴを見比べてみると、おもしろいことに気づきます。両者で、がくの位置が違っているのです。カキの場合は、枝の付け根にすぐがくがあり、そこから実がふくらんでいます。一方、リンゴでは枝から直接実がふくらみ、実の先端部近くにがくが残されています。

どうして、このような違いがあるのでしょう。それは、実ができる前の花のつくりに理由があります。がくと花びらの基部の上に子房があると、カキのようにヘタの先に実がふくらみます。この、カキのような花のことを専門的には、上位子房の花と呼びます。一方、がくと花びらの基部の下に子房があると、リンゴのように実の先端にがくのなごりが残されることになります。こうしたリンゴのような花のことを、専門的には下位子房の花と呼びます。

がくの基部のことを花床《かしょう》といいますが、リンゴの花では、この花床が発達して、雌蕊の根元にある子房を包んでいます。そのため、花床から伸びあがるがくや花びら、雄蕊が子房の上に位置することになるのです。果実というのは、子房が発達したもののことでした。ところがリンゴの場合は、子房の周りを花床が包んでいます。そして、花から実ができるときに、子房だけでなく、花床も発達するという特徴をもっています。じつは、僕たちが普段口にしているリンゴの食用部は、リンゴの花の中の花床が発達した部分なのです。では、子房が発達した本当の果実はどこかというと、捨てられてしまう芯と呼ばれる部分がそれにあたります。

†バナナのタネはどこ？

バナナはどうでしょうか。バナナは固い根元の部分から、皮をむいて中を食べますね。この根元の反対、つまり実の先端部を見てみましょう。実の先端部は、平たくなっており、その部分は五角形をしています。バナナの場合、がくのなごりは見えませんが、がくと花びらは、この五角形の周囲の部分についていました（縁取り状になっているのが、その痕です）。五角形の内側の中心には、やや大きめの丸い痕が残っていますが、これが雌蕊の痕です。その周囲にはそれよりも小さな痕が五つあり、これが雄蕊の痕になります。つまり、バナナは実の先端部にがくや雄蕊の痕が残されているので、下位子房の花からできた実であることがわかります。

ところで、「果実というのは内側に種子を含むもの」ですが、バナナの種子を見たことがあるでしょうか？

バナナは、東南アジアで栽培が始まった、最も古い栽培植物のひとつではないかといわれています。どんな栽培植物も、元をたどればすべて野生植物でした。バナナも先祖である野生植物時代には、ちゃんと種子をもっていました。が、栽培の過程で、種なしで結実するものが選び出されたのです。僕が子供のころは、ミカンには普通に種があるものでしたが、最近のミカンは種がないものがほとんどです。バナナの場合は、もっと古くに種なしのものが見出されたというわけです。バナナをスライスすると、実の中に黒い点のようなものがあるのがわかりますが、これが種子になり損ねた胚珠《はいしゅ》と呼ばれるものです。それでも、ときおり先祖返り的に種子を作る場合があります。僕がタイに行ったときに食べたバナナにひとつだけ種子が入っていたことがありました。

バナナが種なしになるに至った経過には、いくつかの異なったしくみがあります。そのうちのひとつが、異なった野生植物の雑種起源という場合です。この雑種起源の種なしバナナの先祖にあたる野生植物のうち片親のほうは、沖縄の島々では容易に目にする機会がありますす。それが実ではなく、繊維を取るために栽培されるイトバショウと呼ばれる植物です。イトバショウもバナナそっくりの実をつけるのですが、実の長さは六、七センチほどにしかなりません。しかも、実の中には直径四ミリほどの種子がぎっしり入っています。これを見ると、僕たちの先祖が、よく種なしのバナナを選び出してくれたなと、ありがたく思う気持ちがわきます。

果実本来の働きからすると、種なしの果物というのはナンセンス以外の何物でもありません。そのような不思議なものを、僕たちは普段、不思議とも思わず、口にしていることになります。

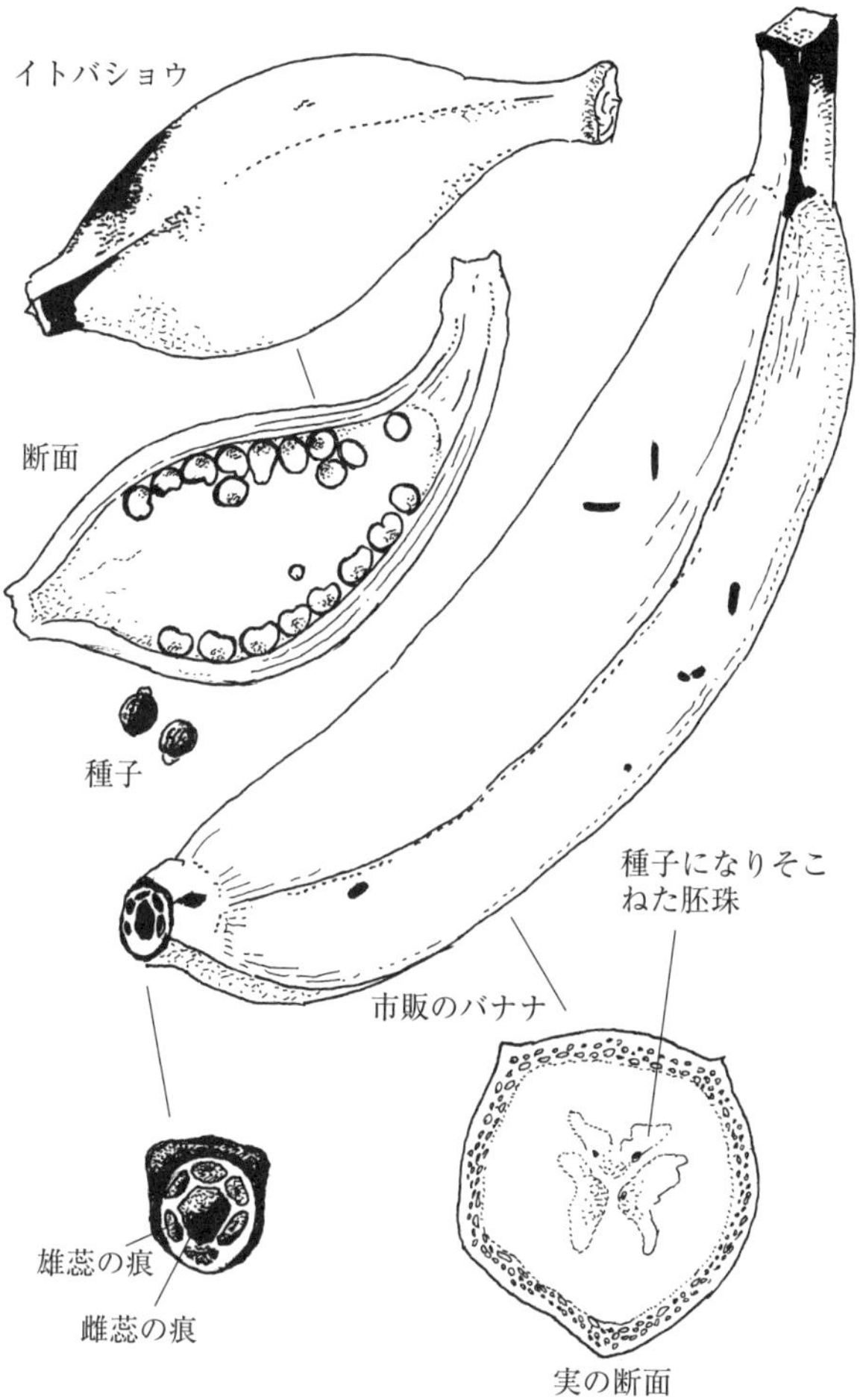

バナナの断面図鑑

†パイナップルの花を描ける?

もうひとつ、果物を取り上げてみることにしましょう。それはパイナップルです。果物の観察では、時間を逆戻しすると花の姿が見えてくるわけですが、では、パイナップルの花がどんな姿をしているか、想像ができるでしょうか。パイナップルが花を咲かせているところを絵に描いてくださいという問題を出したら、みなさんはどんな絵を描くでしょうか。

僕はこの問題を、学校の授業の中で取り上げています。問題を出す相手は小学生だったり、大学生だったり時により違いますが、みんな首をひねりつつ、さまざまなパイナップルの花の絵を描いてくれます。

パイナップルの実を改めて見てみると、なんだか不思議な姿をしていますね。てっぺんに葉がついているのが、一番変なところです。実の表面は、うろこのような突起のある硬い皮に覆われています。縦に二つに切ってみましょう。実の真ん中に芯と呼ばれる部分があります。そして、種子は見当たらないように見えます。

じつは、パイナップルの実は、集合花からできた集合果なのです。真ん中の芯と呼ばれる部分は、茎にあたります(その先端に葉がついています)。その茎の周囲にぐるりと花が

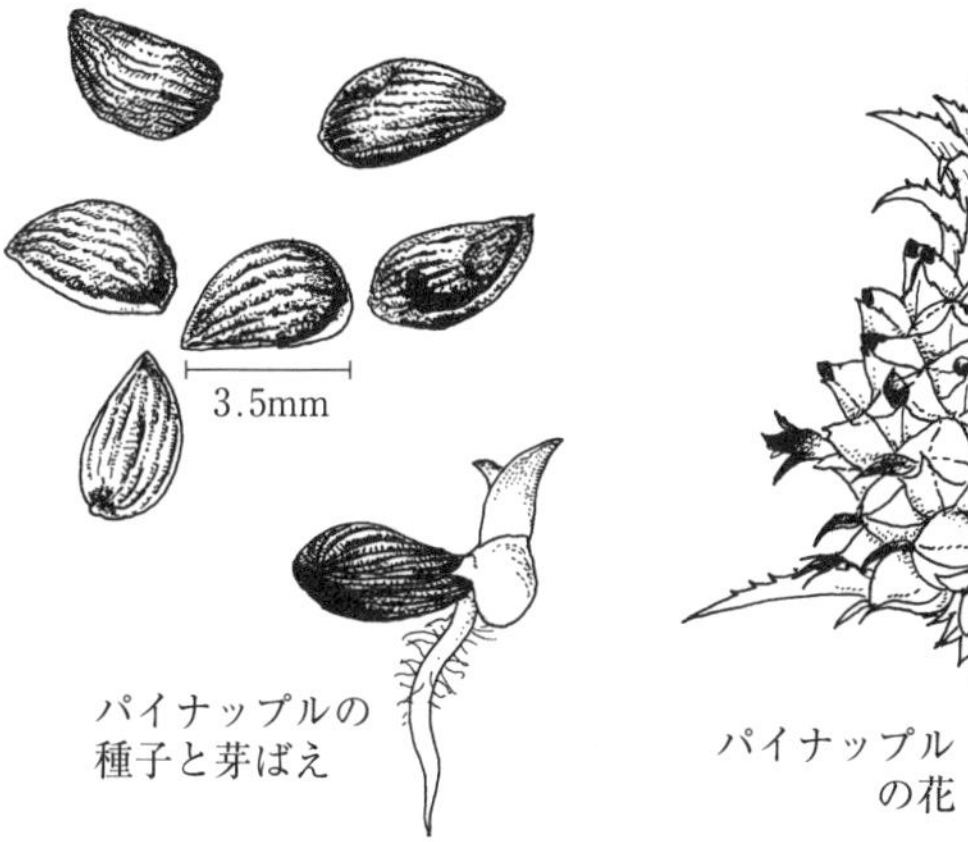

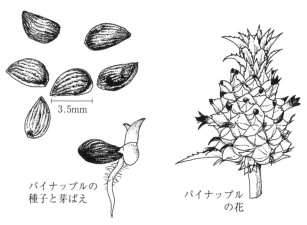

パイナップルの花と種子・芽ばえ

咲き、その花が咲き終わったあとに、果実が集まって一塊となるので、一見、一個の果実のように見えるわけです。

果物について書かれた専門書を読むと、「パイナップルの食べる部分は茎（花軸）と、苞《ほう》と呼ばれる花びらのようなつくりの基部、さらに花床が融合したもの」と書かれてあって、驚かされます。僕たちが食べている部分は、子房が発達した果実そのものではないのです。では、果実はどこ？　というと、あのうろこのような部分……つまり、皮と呼んで剝いて捨てている部分が果実にあたるとあります。

パイナップルは南米原産の果物です。本を見ると、野生種には、たくさんの種子があると書かれています。とすると、パイナップルも栽培化の過程で種なしとなったことがわかります。ただ、パイナップルの場合は、バナナと比べると、先祖のなごりを見出すことができます。品種や栽培状況にもよるのですが、気をつけてみるとパイナップルの実の中からは、わずかながらも種子を見つけることができるのです。では、種子はどこにあるのでしょう。

先ほど、パイナップルの真の果実は捨ててしまう皮の部分であるといいました。そこで、今度パイナップルを食べる機会があったら、この捨ててしまう皮の部分をじっくり見てみてください。すると、その皮の部分に、長径三・五ミリほどの小さな種子が紛れているのに気づくと思います。実際にスーパーで購入したフィリピン産のパイナップルの場合は、一つの実の中から、全部で六個の種子を見つけ出すことができました。さらに、試しにこの種子を鉢に播いてみたところ、そのうち二個が芽を出してくれました。この芽が花を咲かせ、実を成らせるまでには、いったいどのくらいかかるかはわかりませんが……。

さて、こんなふうに、何気なく口に運んでいた果物も、さまざまな観察の素材になることがわかります。つづいて、野菜についても見てみましょう。

2　野菜はなぜ嫌われるのか？

†スーパーの野菜ウォッチング

僕は料理が好きなので、大学から帰る途中、よくスーパーに立ち寄ってから家に戻ります。特に好きなのが野菜コーナーで、季節の野菜を目にしたりすると、それだけでうれしくなります。野菜の中でも果菜《かさい》と呼ばれるものは、果物同様、植物の果実です。では、野菜にも、上位子房、下位子房の実はあるのでしょうか。トマトやナスにはヘタがあります。茎の付け根があって、ヘタがあって、その先に実がふくらんでいるので、これはカキと同じく上位子房の果実ということになります。では、キュウリはどうでしょう？　キュウリにはヘタがついていません。それ以外のつくりも、外見からだけではよくわかりません。同じ仲間のズッキーニではどうでしょうか。どうやら実の先端部に、なにかがついていた痕のようなものが見られます。キュウリやズッキーニは下位子房の実なのです。

野菜の場合は、果実だけでなく、葉や根も利用しています。そこで、今度は野菜コーナ

表16　スーパーの野菜コーナーでみつけたもの（1月19日）

科	種類
アブラナ科	カリフラワー、ブロッコリー、ミズナ、コマツナ、チンゲンサイ、ダイコン、サラダダイコン、レディサラダ、ナノハナ、カラシナ、キャベツ、ハクサイ
キク科	レタス、サンチュ、サラダナ、キク、シュンギク、ニガナ、ヨモギ、ゴボウ、フキノトウ、ハンダマ
ナス科	パプリカ、トマト、ジャガイモ、シシトウ、ピーマン、ナス
セリ科	セロリ、イタリアンパセリ、パセリ、ニンジン、ミツバ
シソ科	セージ、オレガノ、バジル、シソ
ネギ科	ネギ、ワケギ、ニンニク、ニラ、タマネギ
ウリ科	ヘチマ、カボチャ、ズッキーニ、トウガン、キュウリ、ゴーヤー
マメ科	インゲン、キヌサヤ
ショウガ科	ショウガ、ミョウガ
イネ科	タケノコ、トウモロコシ
そのほか	サツマイモ（ヒルガオ科）、レンコン（ハス科）、サトイモ（サトイモ科）、タデ（タデ科）、ウド（ウコギ科）、ヤマトイモ（ヤマノイモ科）、パパイヤ（パパイヤ科）、コゴミ（コウヤワラビ科）、ワラビ（コバノイシカグマ科）

ーで、どんな野菜が売られているのかをメモしてみることにしました。さらに見ることのできた野菜を科ごとにまとめてみました（表16）。

この日、スーパーには、全部で二〇科の植物がならんでいたことになります。上記のリストを見てわかるように、野菜にはアブラナ科、キク科、ナス科、セリ科、シソ科、ネギ科、ウリ科に含まれる植物が多いことがわかります。

†野菜嫌いのわけ

スーパーの野菜コーナーに立って、さて、今日は何を買って帰ろうかと考えます。ピーマンの袋詰めが売られていました。一度手が伸びかけたのですが、まてまてと、心の中で声がします。「うちの子たちはピーマンが苦手だからなあ……」と。せっかく買って帰って調理をしても、食べてもらえないのでは仕方がありません。そこで、ダイコンやキャベツ、キュウリといった、うちの子たちでも口に運ぶ野菜を選んでかごに入れます。

うちの子たちに限らず、野菜が苦手な人がいます。僕の友人の一人は、大の野菜嫌いで、あまたある野菜の中で、ようやく最近、レタスが食べられるようになったといいます。この友人の野菜嫌いの弁が振るっています。

「キュウリはデンジャラス」
「キャベツはケミカルな味がします」
「ニンジンはしょせん、ウサギのエサ」
「トマトは人類の失敗作」

とまあ、このように、容赦がありません。とにかくそのあまりの野菜嫌いぶりに、最初は笑って聞いていたのですが、そのうち、彼の言い分にも理があるのでは、と思うようになりました。最初に書いたように、僕が野菜に興味をもっているのは、野菜が観察対象になる、最も身近な植物だと思うからです。植物だって、生き物です。そうであるからには、人間に食べられたくなんてないはずです。

植物は動物と異なり、動き回ることができません。そのため、身を守るには、物理的防御をするか、化学的防御をするのが一般的だということを、テントウムシと植物の関係のところで説明をしました。

窓の外に目をやれば、たいていなにかしらの木の緑が目に入ると思います。しかしこれも、木という生き物が、この物理的防御の実践者だからこそ可能なことなわけです。たとえば幹はセルロースやリグニンという難分解性の炭水化物で作り上げられ、光合成をする葉も一般に硬く、動物たちにとってはとりつきにくくなっています。だからこそ、窓から外を見たときに、いつでも、なにかしら木の緑が目に入るということになります。もし、木がなにも防御をしていなかったら、すぐに丸裸にされたり、跡形もなく食べられたりしてしまうでしょう。

植物の中で、草と呼ばれる生き方を選んだものたちは、もっと手軽に身を守る方法を選びました。それが化学的防御です。木の葉に比べれば、草の葉は柔らかなものが多く、食べやすそうです。しかし、それは見かけだけです。葉の中には、様々な防御物質が含まれているのです（この防御物質が何であるかは、植物のグループごとに違っています）。

結局、野菜嫌いの友人は、この植物のもつ防御物質に対して敏感なのです。そして、この友人が教えてくれたのは、「野菜は本来食べられたくないと思っている」という、野菜についての見方の変革の必要性でした。

「あたりまえ」を疑うこと。
自然観察をするときに、こうした見方の変革が重要でしたね。

†キュウリはデンジャラス？

「キュウリはデンジャラス」というのは、実はキュウリを含むウリ科には、ククルビタシンといった苦み成分が含まれているということと関連しています。この苦み成分は、毒として働きます。実際、江戸時代の本草書の中には、キュウリのことを「瓜類の下品也。味よからず。且小毒あり」と紹介しているものさえあります（『菜譜』）。かの水戸光圀《みつくに》もキュウリを「毒多くして能無し」と評しているほど。もっとも、最近のキュウリは品種改良の結果、苦みなんてまったくしません。

「キャベツはケミカルな味がします」というのも、同様にキャベツには特有の成分が入っていることと関連しています。キャベツを含むアブラナ科には、カラシ油配糖体という成分が含まれているのです。大根おろしの辛味も同様の成分ですし、アブラナ科の中にはワサビといった、それこそ辛味を目的とした栽培植物もあります。

毒というのは、万能ではありません。たとえば、虫には毒として働いても、人間には効かないという場合があるわけです。アブラナ科の辛味も、人間には毒としては働きません。

ただし、反芻《はんすう》をする動物（牛など）にとって、アブラナ科の成分は毒として働くので、牧草図鑑には、キャベツも毒草として紹介されています。

一言でいうと、ウリ科は「苦い」、アブラナ科は「辛い」、そしてセリ科は「臭い」というのが被食防御に関する化学物質の特徴です。セリ科は、含まれる物質のにおいが好まれてハーブとして使われるものもあります（こうした防御方法と利用方法は、シソ科も同じです）。もっとも、人によっては、このにおいが苦手で食べられない場合もあります。コリアンダーなどは、そのいい例です。ニンジンにも特有のにおいがあります。ニンジンが含む成分は、人には無害ですが、ネズミに有害だと本にあります。セリ科には、ドクゼリやドクニンジンのように、人間にとっても致命的な毒成分を含む植物があります。

ほかの野菜も一言で特徴を言い表せるでしょうか。

ネギ科は「臭い」と「辛い」が特徴です。ネギの仲間には、各種硫化アリルが含まれているためです。この匂いと辛味に関して好みは分かれるでしょうが、ネギ類のもつ成分は、人間にとって害はありません。

キク科は「苦い」が特徴です。フキノトウなどは、その苦みも味わいのひとつになっています。キク科の苦みは、人間にとっては毒として働かないので、第一章で紹介したように、安心して天ぷらにすることができます。また、天ぷらにすると、苦みはほとんど消えてしまいます。

ナス科の仲間は「危ない」。各種のアルカロイドを含んでいるので、ナス科には人間にとっても毒として効く植物があります。食用とされるジャガイモも、芽の部分にはソラニンと呼ばれる有毒成分が含まれるので調理する際、えぐりとる必要があるということはよく知られています。またニコチンという有毒成分を含むものの、あえてその成分のために利用されているものにタバコがあります。野草料理をする際には、ナス科には手を出さないほうが無難です。

†モンシロチョウの特殊性

こうした成分の違いに敏感なのは、虫たちです。もともと「苦い」や「辛い」といった特徴は、被食防御として発達したと考えられるわけですから、当然といえば当然です。逆に、ある植物に特有の「苦い」や「辛い」といった特徴を乗り越えられる昆虫がいるとしたら、その昆虫はその植物を独占的に食べることができます。こうして、植物ごとに、その植物を食べるスペシャリストの昆虫が生まれます。

キャベツを食べる昆虫といえば、もちろんモンシロチョウです。モンシロチョウがキャベツを食べると聞いても、あまり驚かないかもしれません。しかし、キャベツはアブラナ科の植物です。ということは、モンシロチョウは、カラシ油配糖体という毒をもつ植物を食べることのできる特別な昆虫なのです。

たとえば、ステーキなどのつけあわせにする、クレソンという野菜があります。クレソンは水辺を好むため、田んぼで栽培されますが、その田んぼにはモンシロチョウがたくさん飛び回っています。クレソンはキャベツとは外見はまったく似ていません。が、口にすると、やはり特有の辛味があります。クレソンもアブラナ科の植物なのです。そしてモンシロチョウは見かけと関係なく、ちゃんとクレソンが幼虫の食草であることがわかるのです。

モンシロチョウはニンジンには見向きもしません。ニンジンの葉を食べるのはキアゲハの幼虫です。田んぼの周りを散歩していたときに、田んぼに生えていたセリの葉にキアゲハの幼虫がついているのに気がついたことがあります。キアゲハも、ニンジンとセリが同じ仲間であることがわかるのです。

このキアゲハの幼虫にカラシ油配糖体をぬったニンジンの葉を食べさせたら下痢をしたという研究報告があります。キアゲハにとっては、モンシロチョウのエサであるキャベツはやはり毒なのです。

ふだん、何気なく口にしている野菜も、もともと、さまざまな生き物と関わり合いがあり、食べられないための工夫をこらして生き延びてきた生き物なのです。

3　野菜を「祖先」で考える

†キャベツとレタスの違いはどこ?

「あたし、キャベツとレタスの区別がつかない」

あるとき、僕の大学のゼミ生が、こんなことを言うので、口をあんぐりと開けてしまいました。さすがに、この発言にはほかのゼミ生たちも驚いていました。その中の一人が「ええとね、ロールキャベツを作るほうがキャベツだよ」と説明をしたので、今度は笑ってしまいました。

では、キャベツとレタスには、いったい、どんな違いがあるのでしょう。

キャベツは「辛い」アブラナ科の植物です。レタスは「苦い」キク科の植物です。もっとも、両者とも、品種改良によって随分とマイルドな味わいに変化しています。スーパーで売られている両者を見る限りでは、葉っぱが丸まっているという特徴に関しては、確かに似ているところがあります。しかし、両者のはっきりした違いは、スーパーの店先や、台所では見て取ることが難しいかもしれません。

僕自身の体験に基づくと、キャベツとレタスが、まったくの別物であるのを認識したのは、大学時代になります（あんまり人のことは笑えません）。ひどい貧乏学生だった僕は、仲間と一緒に、大学の空き地を勝手に開墾して畑を作っていました。そのとき、収穫し忘れたレタスに花がつくのを見ました。初めて見るレタスの花は、まるでタンポポの花を小さくしたような姿をしています。タンポポの花の特徴については、第一章で紹介をしましたね。レタスも、タンポポ同様、小さな花が集まってできた頭状花、つまりキク科ならではの花をつけるのです。

僕がキャベツの花を初めて見たのがいつだったかは覚えていません。キャベツは、ナノハナと同じアブラナ科の植物です。その花も、ナノハナのように黄色い四枚の花弁からなっています（アブラナ科は、この形から、かつて十字花植物《じゅうじか》とも呼ばれていました）。ただ、キャベツの花の花弁は、ナノハナのそれよりも少し細長く、また色も幾分淡い黄色です。キャベツとレタスは、スーパーの店先の姿は似ているのですが、こうして花を見比べると、まったく姿が異なっています。

†野菜の花ウォッチング

先のスーパーの野菜コーナーのリスト（表16）を見てください。キク科には、レタスと並んで、サンチュとサラダナの名前が並んでいます。サンチュは韓国料理で焼肉を包んで食べる野菜ですが、これは葉が丸まらないレタスの仲間です。サラダナも同様に、葉の丸まらないレタスです。実は、もともとレタスの祖先種の葉は丸まっていませんでした。利用する場合は、サンチュのように、葉っぱを一枚ずつ茎からはずしていました。人間が栽培するうちに、レタスは世界各地に広まり、品種改良もおこなわれ、祖先種とはずいぶん変わった姿のものも生み出されました。そうした姿の変化した品種のひとつに、葉っぱが丸まるレタスがあるわけです。

同じように、キャベツも祖先種の葉は丸まっていませんでした。利用する場合も、同じように、葉っぱを一枚ずつ茎からはずしていました。今でも祖先種の姿に近い品種がありますす。それがケールです。ケールと言われてピンとこない人も、冬場、庭先や公園の花壇に植えられるハボタンなら見たことがあるのではないかと思います。このハボタンは、観賞用のケール（つまりキャベツ）なのです。僕はこのことを知って、ハボタンの葉を何枚か失敬してきて、千切りにして食べてみたことがあります。千切りハボタンは、色はとてもきれいなのですが、硬いし、ちょっと青臭いしと、味としてはよくありませんでしたが、興味のある方はお試しください。

このケールから、さまざまな品種が生まれました。花茎《かけい》が太くなり、つぼみがたくさんつくようになって、そのつぼみを食べるのがブロッコリーです。このつぼみの部分が白化したものが、カリフラワー。もちろん、葉っぱが丸まるように変化したものがキャベツです。キャベツを食べていくと、最後に芯が残ります。芯はたいてい捨てられてしまいますが、この芯の部分（茎の部分にあたります）のみを食用とするようになった品種（茎の部分が、まるでカブのようにふくらみます）に、コールラビがあります。

キャベツは葉が丸まる性質に改良されているので、丸まった葉に邪魔をされて、なかなか花茎をのばすことができません。そのため、キャベツの花を見る機会は、そうないかもしれません。キャベツの原種に近い、ケールを改良したハボタンなら、春になるとよく花茎をのばすので、割合簡単に花を見ることができます。春になったら、花壇の片隅で花をつけているハボタンを探してみてください。このハボタンの花と同じような花を、キャベツも、ブロッコリーもカリフラワーもつけるのです。

春先、家庭菜園や郊外の畑で、野菜の花ウォッチングをしてみてはどうでしょう。知識として知ってはいても、実際にその花を見ると、どれとどれが同じ仲間で、どれとどれは

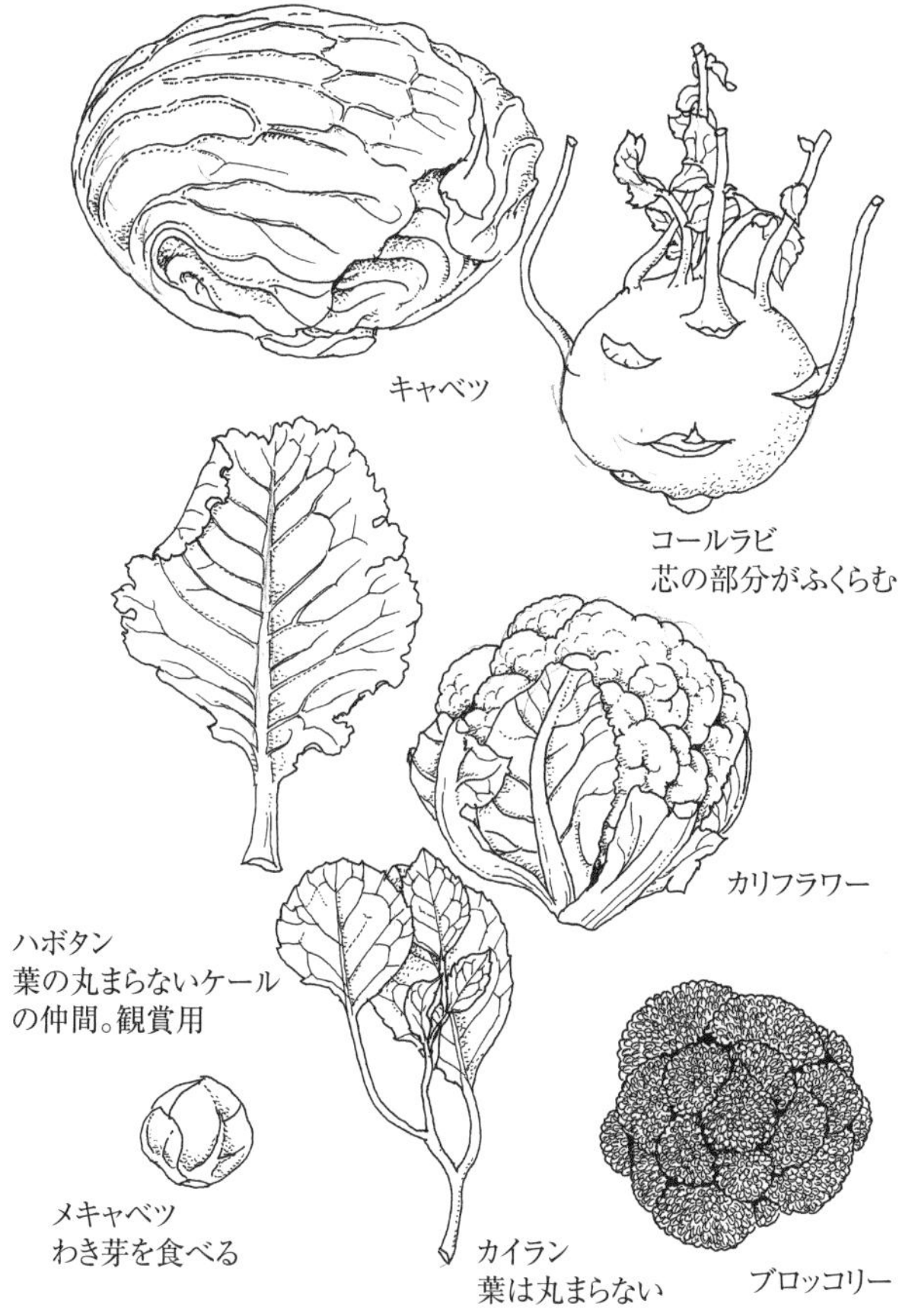
キャベツ
コールラビ
芯の部分がふくらむ
カリフラワー
ハボタン
葉の丸まらないケールの仲間。観賞用
メキャベツ
わき芽を食べる
カイラン
葉は丸まらない
ブロッコリー

キャベツの仲間図鑑

他人の空似なのかが実感できます。

祖先が一緒の野菜たち

野菜の場合、こんなふうに、同じ祖先をもっているものが、品種改良の結果、大きく姿を変えてしまうことが、しばしば見られます。ナノハナ、ハクサイ、ミズナ、コマツナも、すべて先祖は一緒です。表16には、さまざまな野菜の名前が挙げられていましたが、その中に、「種類が違う」場合と、「同じ種類で品種が違う」場合がまじっていたわけです。

アブラナ科を例にして、この種と品種の違いをまとめてみると、表17（二〇四頁）のようになります。こうしてみると、店先を多数の種類で占領しているように見えたアブラナ科の野菜は、その祖先にさかのぼれば、わずか四種類しかなかったということになります。

こうして人の手によって、あれこれ姿を変えられていても、花は祖先譲りの姿のままです。そのため、たとえば花を見れば、レタスとキャベツが別の仲間の植物であることがはっきりします。

スーパーの野菜ウォッチングをした日には、たまたま野菜売り場にカブの姿はありませんでした。カブは、一見、ダイコンに似ています。キャベツとレタスの区別がつかない学生はさすがにほとんどいませんが、ダイコンとカブが同じ仲間だと思っている学生は少な

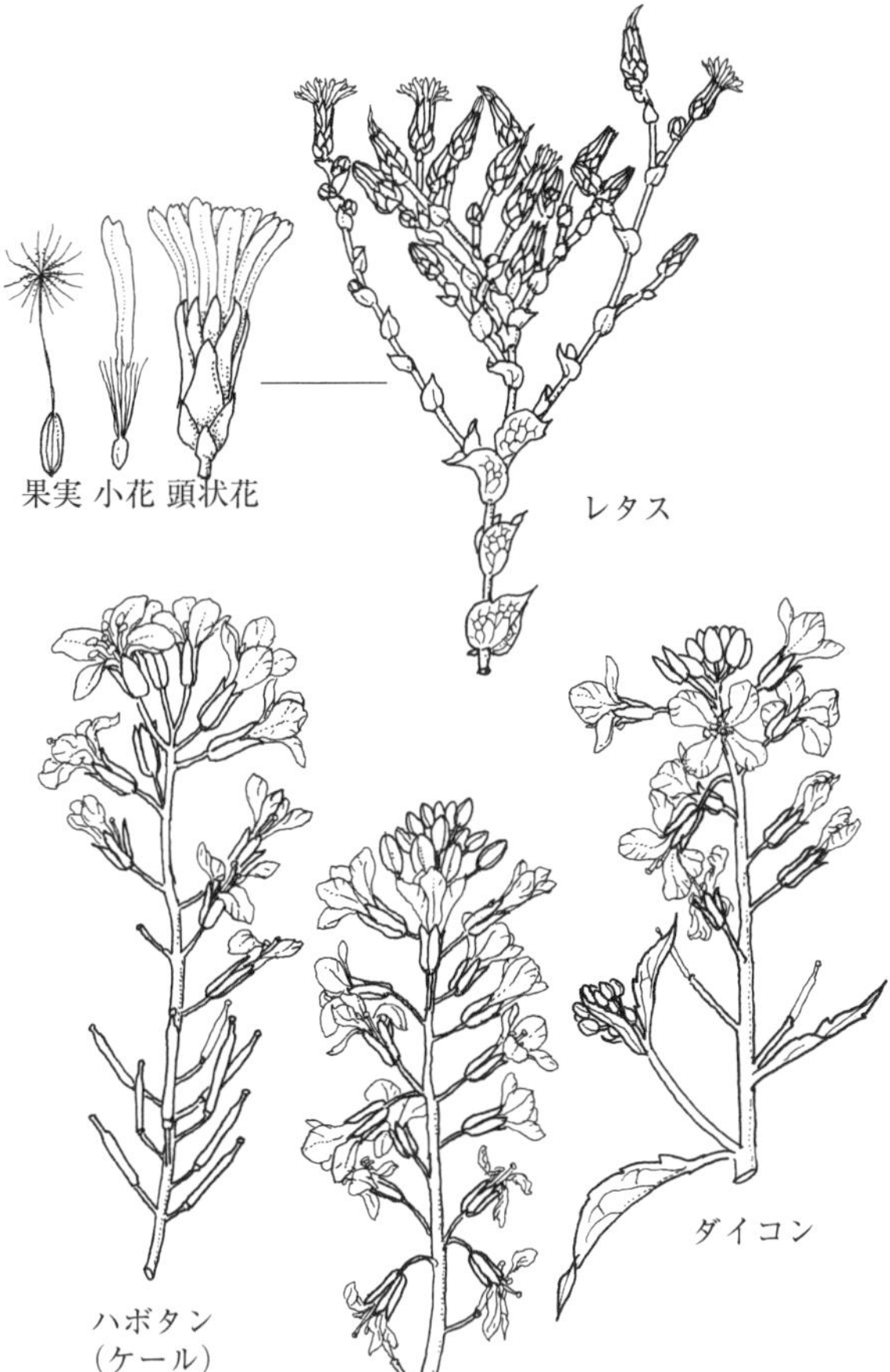

野菜の花図鑑

表17　アブラナ科の野菜（表16のうちの）

	種類　※（　　）内は品種
アブラナ科	キャベツ（ブロッコリー、カリフラワー） ダイコン（サラダダイコン、レディサラダ） ナノハナ（ハクサイ、ミズナ、コマツナ、チンゲンサイ） カラシナ

くありません。ダイコンの中には、根っこが細長くなく、丸い品種もあるので、なおさらです。しかし、カブはダイコンではなく、ナノハナやハクサイと同じ植物の品種なのです。これも、花を見れば違いがはっきりします。四枚の花弁をつける点は一緒なのですが、カブはナノハナと同じく黄色い花を咲かせるのに対して、ダイコンは白い花を咲かせるのです。

†日本原産の野菜って何?

「知っている野菜の中で、日本原産の野菜は何だと思う?」

学生たちに、授業の中でこんな問いを投げかけます。もともと日本の山野に野生植物として生えていて、日本で作物化されたものは何か、ということです。

「ダイコン?」というのは、よく返される答えの一つです。確かにダイコンは和食に欠かせない、きわめて日本的な野菜であるように思えます。ところがダイコンは紀元前二〇〇〇年にはすでにエジプトで食用とされていたことが、ピラミッドの壁画に描かれています。じつはダイコンは地中海沿岸及び西南アジアから東南アジアにかけてのいくつかの場所で、野生ダイコンから作り出されたと考えられており、日本には中国を通して渡来したのです。

「ネギ?」「コマツナ?」など、いろいろな答えが学生から出るのですが、なかなか正解には至りません。実は日本原産の作物というのはとても少ないのです。

ミツバ、ワサビ、アシタバ……こうしたものが、日本原産の作物の例です。表16の沖縄のスーパーの野菜コーナーのリストでは、ヨモギ、フキノトウ（フキ）、ニガナ（沖縄の海岸に生えているホソバワダンを栽培化したもの）、コゴミ、ワラビ（コゴミやワラビは作物というより、山菜といったほうがいいかもしれません）といったものを日本原産の例に加えることができます。

「野菜というより、ハーブみたい」

学生たちは、こんな感想を口にします。それもそうですね。ダイコンもキャベツもニンジンもジャガイモも、今、僕たちが口にする機会の多いメジャーな野菜は、すべて外国産のものだということなのです。でも、それはなぜなのでしょう。

そもそも、野菜というのは何でしょうか。

学生たちに「知っている野菜の名前を言ってごらん」という問題を出すと、途中で「野菜と果物はどこが違うの?」という質問が必ずといっていいほど出ます。野菜とは何かということについては科学的な定義があるわけではありません。国によって定義が異なっていたりします。日本では、食用として栽培されている草のことを野菜と言っています。

先の問いに戻ると、日本には「食用として栽培される草の原種が少ないのはなぜか」ということになります。これは、日本が本来、森が発達する自然環境にあるからではないかと思います。温暖で降水量の多い日本列島は、植物の生育には好適地です。このような環境下では森が発達します。すなわち木というくらしぶりが優勢なのです。森の中にも草は生えますが、日陰の森の中で暮らす草は、何年もかけて成長をつづける多年草が少なくありません。しかし、畑で見られる作物のほとんどは、一年草です。一年草が多く見られる環境は、森が発達できないような、何らかの要因のある環境です。たとえば雨季と乾季のはっきりした乾燥地では、雨季に一斉に発芽成長し、乾季が始まると種子を落とし枯れてしまうくらしが適しています。

数少ない日本原産の作物が、野生状態でどのような場所に生育しているのかを見てみましょう。

海岸……ニガナ（ホソバワダン）、アシタバ、オカヒジキ

水辺……ワサビ、ジュンサイ

こうしてみると、やはり森が発達しにくい環境に生育する植物が、野菜の祖先になっているように思われます。

フキやヨモギの場合はどうでしょう。フキやヨモギは、原生自然では、何らかの原因で、森が破壊された跡地に一時的に生えていたのではないでしょうか。たとえば土砂崩れや雪崩によって、開けた場所ができたとき、その場所が森に戻るまでの間、こうした草が生えていたわけです。河原など、時々氾濫をおこして森が発達しにくい場所も生育地になっていたでしょう。何らかの攪乱がおきやすい場所に生えていた植物だということです。同じようなくらしをしていたと思われる植物のひとつに、ダイズの先祖もあります。

†ダイズの祖先を食べる

さて、作物の自然観察をしようと、早春、大学の畑にダイズを播きました。播いたのは、ウツマミと呼ばれる、宮古島に隣接する小島、池間島《いけま》で古くから栽培されてきたダイズの在来品種です。ウツマミを畑で栽培しようと思ったのは、作物が生み出される歴史の一コマを教えてくれる存在に思えたからです。

池間島を訪れて、収穫したウツマミを見せてもらったとき、何より豆粒の小ささに驚きました。市販されているダイズは、計ってみると、長径は八ミリで、一粒当たりの平均の重さは〇・三三グラムでした。ところがウツマミの場合、長径こそ六・五ミリほどありましたが、一粒当たりの平均の重さは〇・〇九グラムしかありませんでした。

ダイズも含めて、すべての作物は、もともとは野生植物でした。

ダイズの先祖にあたるツルマメは、河原のほか、田んぼの畔《あぜ》などでもその姿を見ることができます。ただし、ツルマメからダイズを栽培化したのは、日本ではなく、中国だったと考えられています。

ツルマメのさやや、中に入っている種子（豆）はダイズに似ていますが、一般のダイズの種子が白っぽい色をしているのに対し、ツルマメの種子はほぼ黒です。これからすると、ダイズの品種の黒豆（お正月に煮豆を作りますね）は、大きさはともかく、色に関しては、より祖先的な形質を残しているということになります。先にウツマミの種子は一般のダイズの種子に比べて随分と小さいということを紹介しましたが、ツルマメの種子はさらに小さく、長径四ミリで、一粒当たりの重さはわずかに〇・〇二グラムです。ウツマミはツルマメと一般的なダイズの種子の中間サイズの大きさなのです。

季節になるとスーパーの店先に並ぶ枝豆（これは未熟なダイズのことです）は、直立した茎にたくさんのさやがついています。ところがツルマメは長く伸びるつる性植物です。ウ

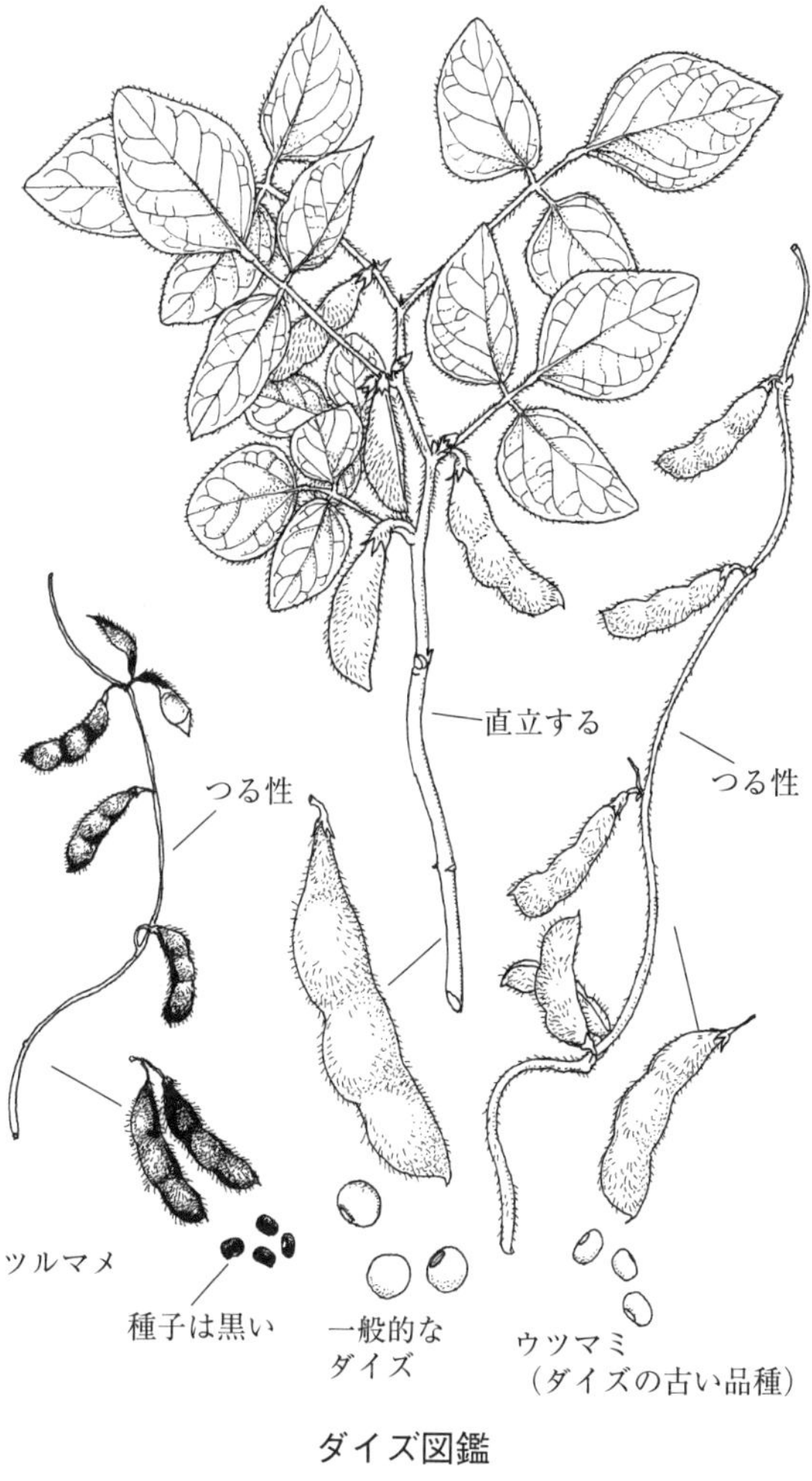

ダイズ図鑑

ツマミはどうでしょう。ウツマミはつる性で、この点はダイズよりツルマメ的です。おそらく、中国から古い時代に渡来した栽培ダイズは、こうしたウツマミのような姿をしていたのでしょう。

では、ダイズの先祖であるツルマメは、食べることができるのでしょうか。ツルマメで豆腐を作れないか、試してみることにしました。

やってみて、なるほどと思ったことがあります。ツルマメの豆を一晩水に漬けて、翌日すり鉢で摺ろうと思ったら、まるで歯が立ちませんでした。豆がまったく吸水しておらず、すり鉢で摺れるほどには柔らかくなっていなかったのです。何がなるほどだったかというと、このような簡単に吸水しない性質こそ、野生植物に必須の条件であることに気づいたということです。

ツルマメは、秋に実をつけます。そして地面に豆が落ちるわけですが、もし、落ちた後、秋に降った雨で簡単に吸水して発芽してしまうと、芽生えても冬の寒さで生き残ることができません。つまり容易に吸水せず、冬を乗り越えたころに、ようやく吸水することで、芽生えを春に延ばすことができるというわけです。一方、栽培されているダイズは、人間が時を選んで播いてくれます。人間の側からすれば、利用したいときにすぐに吸水してもらったほうが都合がいい。畑に播いたら一斉に発芽したほうが都合がいい。そのため、すぐに吸水するような種皮が柔らかいものを選抜してきたのです。ダイズとツルマメの豆を比較すると、色や大きさの違いに目がいってしまいがちですが、吸水性にも大きな違いがあるのです。

結局、水に漬けたツルマメは、吸水をしなかったので、コーヒーミルで無理やり粉にし、水に漬けて絞り、豆乳を作ってにがりを投入してみました。結果から言うと、ツルマメからも豆腐はできます。ただ、色はねずみ色で、えぐみもあります。昔、狩猟採集の時代に野生のツルマメを利用していた人々がいたからこそ、やがてツルマメを栽培するようになり、ひいてはダイズが生まれるわけですが、ツルマメは豆腐としてではなく、煎り豆のようにして利用していたのかもしれません。

†作物に見る自然とのつながり

ここまでの記述を読んで、ツルマメを収穫して、豆腐や煎り豆を作ってみたいという方は、秋、田んぼの畔や河原でツルマメを収穫してみてはどうでしょうか。ただし、ここでひとつ注意点があります。栽培されるダイズは、豆が熟してもさやの中に入っているので、十分に熟したころを見計らって、ダイズの株自体を引き抜いて干し、その後、さやをはずし、豆を収穫することができます。ところが、野生植物のツルマメではそうはいきません。

ツルマメの場合、豆が熟すると、さやがはじけて、中の豆をあちこちに弾き飛ばしてしまうのです。野生状態においては、こうした散布のしくみが備わっていないと、生き延びることができないわけです。こうした野生植物と作物との間に見られる違いは、第一章のアワとエノコログサの脱粒性に関しても見てきたことです。ツルマメの収穫は、時期を逸すると、はじけた空っぽのさやばかりになってしまうということを覚えておく必要があります。

一般的なダイズ、ウツマミ、ツルマメと並べてみます。すると、それまで「食べ物」としてしか見てこなかったダイズが、もともとは、自然の中で生きる植物であるということがよくわかってきます。ひいては、自然状態のツルマメを採集し、利用していた人々がいたからこそ、ツルマメを栽培し、やがてウツマミのような栽培植物へと変化させ、現代のダイズに至ったのだということも、少しずつ実感できるようになります。つまり、自然と関わりがない暮らしをしている僕らの生活の根っこは、自然との深い関わりの中で生み出されたものだということがわかるのです。

スーパーの果物や野菜ウォッチング、そして家庭菜園での観察や、台所の実験・観察から、作物の栽培の歴史や、野生植物と栽培植物の違いについて見てきました。

身近な場所にもさまざまな生き物が息づいています。

生き物を見ていく上でのポイントは、どんな生き物にも「くらし」と「れきし」があるという視点です。

それらの生き物を見ていくと、生き物同士の関係性にも気づけます。

そして、身近な生き物は人の暮らしとも大きく関わっています。さらによく見ていくと、僕たち人間自身も、生き物との関わりの中で暮らし続けてきたことも見えてきます。

そうすると、自然観察というのは、どこか人間観察とも関わっていることになります。

それでは、次の章では、足元の場所からもう一歩、足を踏み出してみましょう。そこからは、どんな人と自然の関係が見えてくるでしょうか。

第六章

里山

カメムシタケ

1　カイコとクワ畑

†里山のカブトムシ

街中から、電車や車に乗って、郊外に出かけてみることにしましょう。そこには、里山と呼ばれる、田んぼや畑を中心とした、農業との関わりの中で作り出された自然環境が広がっています。

本章では、里山の自然観察を紹介します。里山の自然は、いずれも人との関わりが深いものばかりです。虫、植物、動物、キノコなど、さまざまな生き物の観察を通じて、人と自然の関わりについて見てみたいと思います。

さて、里山の雑木林周辺は、春から夏にかけて、多くの虫たちでにぎわいます。その代表が、子どもたちの大好きなカブトムシやクワガタです。

農耕が始まり、しだいに農耕のための技術も発達してくると、栽培植物を育てるには、播種し、雑草を抜くとともに、施肥《せひ》などの管理も必要になります。化学肥料のなかった時代には、家畜の糞や人糞、それに青草や枯れ葉などが重要な肥料となりました。たとえば枯れ葉と家畜の糞をまぜ、しばらく発酵させ、たい肥がつくられました。カブトムシの幼虫は、このたい肥の中に潜り込み、それをエサとして育ちます。つまり、カブトムシは、こうした里における、人間の農耕の歴史にうまく適応した虫といえます。また、その枯れ葉を供給する雑木林もまた、人為によって作り出された林です。その雑木林の構成種であるクヌギやコナラは、よく樹液を出すことで、カブトムシやクワガタの成虫に栄養を与えます。こうして決して人間がねらったわけではないのですが、結果として、里山には多くの生き物たちが棲みつくことになりました。

✝カイコとクワ畑の歴史

里山には、しばしば、クワ畑が見られます（畑のクワは何度も剪定《せんてい》されるため、背が低く、太短い幹は変形し特異な樹形となっています）。いえ、正確に言えば、もともとは、クワ畑が広がっていたところは少なくありませんでした。それはもちろん、養蚕《ようさん》が盛んだった時代があるためです。

小学生時代に、カイコを飼育する体験をしたことのある人もいるかと思います。カイコは人間の飼育下のみで見られる昆虫で、野外で生きていくことはできません。ところで栽培植物のキャベツも、人間の栽培下でなければ世代をつなぐことができませんが、作物の場合は、そのように野生化できないほど改良された植物は少なくありません。一方、昆虫は世界に一〇〇万種以上が知られていますが、人間に飼育されるようになり、野生に戻れなくなるほどに改良されたものは、カイコだけです。そうしてみると、カイコというのは、きわめて特殊な虫であるといえそうです。

飼育体験のある方はご存じかと思いますが、カイコの成虫は真っ白な色をしていて、野外では目立ってしまい、たちまち天敵の餌食になりそうです。そもそもカイコの成虫は、翅はありますが、飛ぶことができません。また、幼虫も、脚の力は弱く、枝につかまっていることができなくなっています。

さて、復習ですが、どんな作物も、元をたどれば野草でした。とするならば、人間によって改良されたカイコも、その祖先は野生の昆虫だったはずです。

中国の二五〇〇～二〇〇〇年前の遺跡から、野生のカイコの一種の、一端が切り取られた繭《まゆ》が見つかっています。どうやら食用にされたものの痕のようです。現在でも、長野県や韓国ではカイコの蛹を食用として利用しますが、もともと野生のカイコはそのように食用として利用されていたのかもしれません。そして、そのおりに蛹を取り出した繭を、何かしら使うようになり、さらに繭から糸をほぐして使うことが見出された。ひいては、野生のカイコを飼育し、選抜、改良がなされる中で、現在のカイコが生み出され……という道筋が考えられます。

翻って日本でも、『日本書紀』の中に、ウケモチノカミ（保食神）の死体から、五穀に交じってカイコの繭も生み出されたという神話が登場します。日本にも、古くに、中国からカイコが渡来してきていたのです。なお、これも日本史の授業で習った覚えのある方が多いと思うのですが、養蚕は、明治以降、戦前までは日本の重要な産業のひとつでした。

卵から孵化したカイコの幼虫は、四回脱皮を重ねて、蛹となるときに繭を紡ぎます。モンシロチョウがキャベツ食の専門家であったように、カイコはクワを専食するのです。食べるクワの葉の量は、蛹化前の五齢ともなると、一〇〇〇頭あたりで一八キロとなるといいます。養蚕地帯では、そうした大量のクワの葉を確保するためのクワ畑が必要だったわけです。

†カイコの先祖をさがそう

しかし、現在、養蚕はすっかりすたれてしまいました。それでも、まだ、剪定された低木状のクワが立ち並ぶ畑が一部、残っています。カイコのエサとして利用されなくなったため、ずいぶんと背を伸ばし、つる草などもからんだ、すっかりあれた元クワ畑もちらほらと目にします。そのようなクワ畑や元クワ畑が、しばらくして足を運ぶと、すっかり伐り払われて姿を消すということも、まま、あります。

このような歴史を経てきた里山のクワ畑や元クワ畑を見てみることにしましょう（私有地の場合は許可を取りましょう）。ここにも、クワが植えられていることで、人知れずはぐくまれている生き物がいることを見て取ることができます。

クワは落葉樹です。晩秋になると、クワの木は、葉をすっかりと落としてしまいます。もう剪定されることのない、背を伸ばしたクワの木が並んだ放棄されたクワ畑や、伐り残されたクワを見つけてみてください。その前に立ってみると、すっかり葉を落としているはずなのに、ところどころ、枯れた葉が枝にぶらさがり、風で揺れているのに気づきます。いったい、なぜ、その枯れ葉は枝から落ちないのでしょう。よく見ると枯れ葉の内側に、白っぽい繭が隠れていませんか？　そして、もし、繭が見つかったら、その繭から伸びた糸が、枯れ葉の付け根を枝に固定していることに気づくはずです。

この繭は、二重構造になっています。外側に繭本体同様、虫の吐き出した糸でかがられた白っぽい、うすい袋状のものがあり、その中に長さ二・五センチほどの黄色みを帯びた紡錘形の繭が入っています。これは、クワコの繭です。このクワコこそ、カイコの先祖にあたる虫なのです。なお養蚕に用いられるカイコは、中国で、このクワコが改良されたも

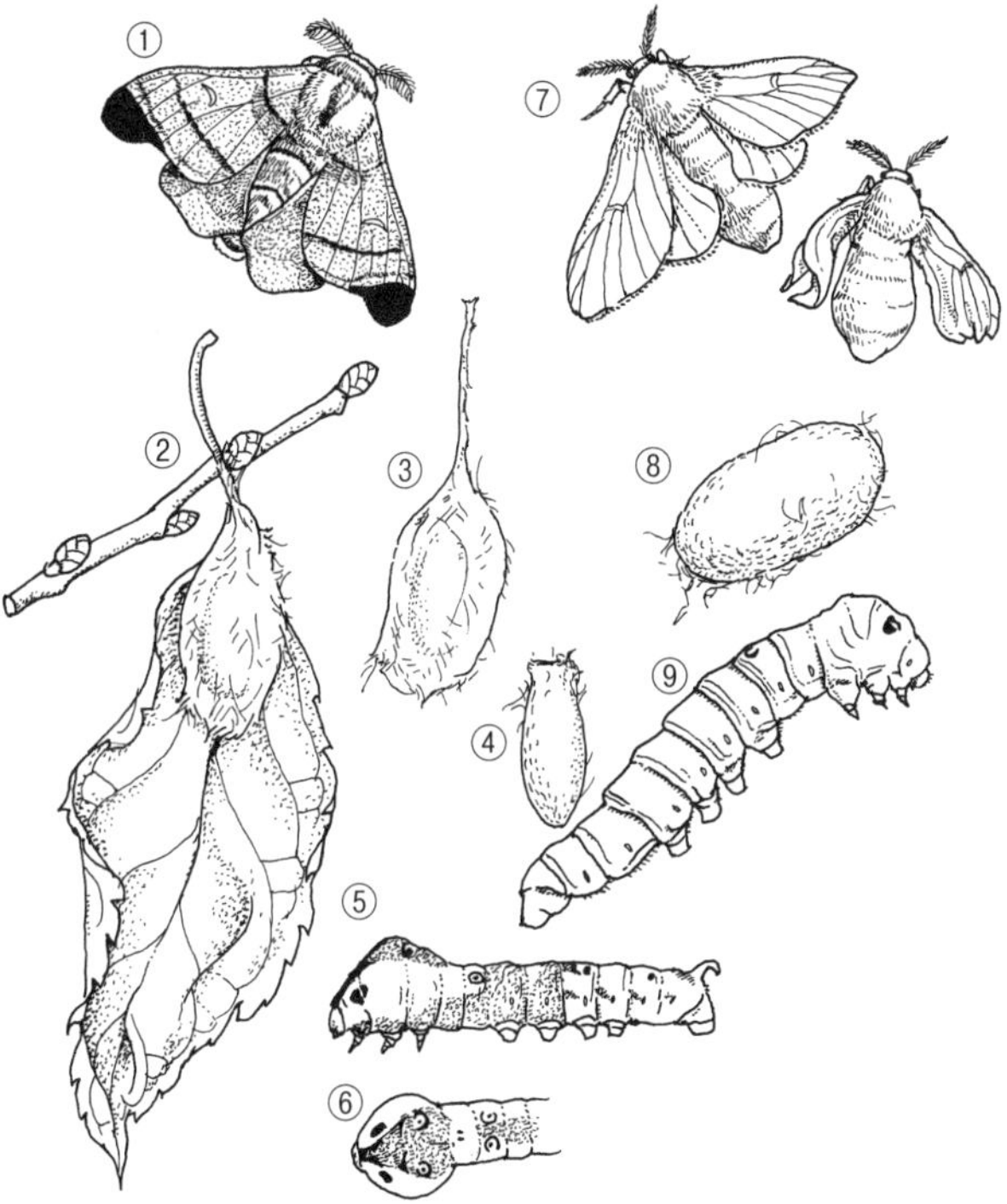

①クワコ成虫　②クワの枝についたクワコの繭
③クワコの繭　④クワコの内側の繭
⑤クワコ幼虫　⑥胸部をふくらませたクワコ幼虫（上面）
⑦カイコ成虫　⑧カイコ繭　⑨カイコ幼虫

カイコとクワコ図鑑

ので、先に少しふれたように、カイコ自体は日本には中国から渡ってきたと考えられています。クワコを改良したカイコの繭は二重構造にはなっておらず、真っ白です。また大きさも、長径四センチ近くと、クワコの繭に比べずいぶんと大型になっています。

†冬の林の繭探し

ところで、僕の長男の小学校では、カイコの飼育を行っていません。近年は、カイコも、本で見るだけの虫になってしまっているのかもしれません。しかし、クワ畑が放棄されたせいで、クワコを見つけるのは養蚕が盛んだったころよりかえって容易になっています。たとえば都内の埋め立て地にある、夢の島公園のクワでもクワコの繭が見られましたから、都市部でもクワがあったら、カイコの先祖を探してみてはどうでしょうか。

クワコの繭に気づくのは、晩秋、もう葉を落とすころになってからですが、もしクワコの幼虫や成虫を見たければ、九月ごろにクワ畑に行ってみるといいでしょう。クワコの幼虫は、姿はカイコの幼虫と同じですが、小ぶりです。ただし、カイコの幼虫は成虫同様、ほぼ白一色ですが、クワコの幼虫は褐色をしています。おもしろいのは、幼虫を驚かすと、頭を引っ込め、胸をふくらませることです。このときふくらんだ胸の表面に、眼を思わせる一対の模様（眼状紋）があるため、胸全体が頭のように見えます。これは、天敵を驚かすための行動でしょう。カイコも野生時代は、無防備な虫ではなかったわけです。

幼虫が紡いだ繭をしばらくおいておくと、やがて繭の中からクワコの成虫が羽化してくるのを見ることができます（繭はたんぱく質でできていて、羽化した成虫はアルカリ液を吐き出し、繭の一部を溶かして外にでてきます）。クワコの成虫は、これまたカイコの成虫とは異なり、褐色をしており、また、飛ぶこともできます。こうした姿を見ることで、エノコログサとアワの関係や、ツルマメとダイズの関係からも見ることのできた、長い時間をかけての人と生き物の関わり合いの歴史の一端がうかがえます。クワの木の虫から、数千年にわたる人々と虫との関わりに思いをはせてみるのもいいでしょう。

秋の里山では、カイコ以外の繭もいろいろと目にすることができます。クリ林があったら、枝を見て回ってみましょう。クリの枝に、網目状になった繭がついていたら、それはクスサンの繭です。クスサンはカイコやクワコと違って、いろいろな木の葉を食べます。エノキ、ウメそれにイチョウの木でも繭が見つかったりします。地域によってもクスサンが何の木の葉を食べるかには違いがあるようで、沖縄の場合は、タブでよく見つかります。また、かつてはクスサンの繭を紡ぐ前の幼虫の体内からは、天然テグスを採っていました。

雑木林のクヌギやコナラといったブナ科の木（時にはシイにも）には、薄黄色をしたヤママユの大型の繭も見られます。ヤママユはカイコのように品種改良はされなかったもの

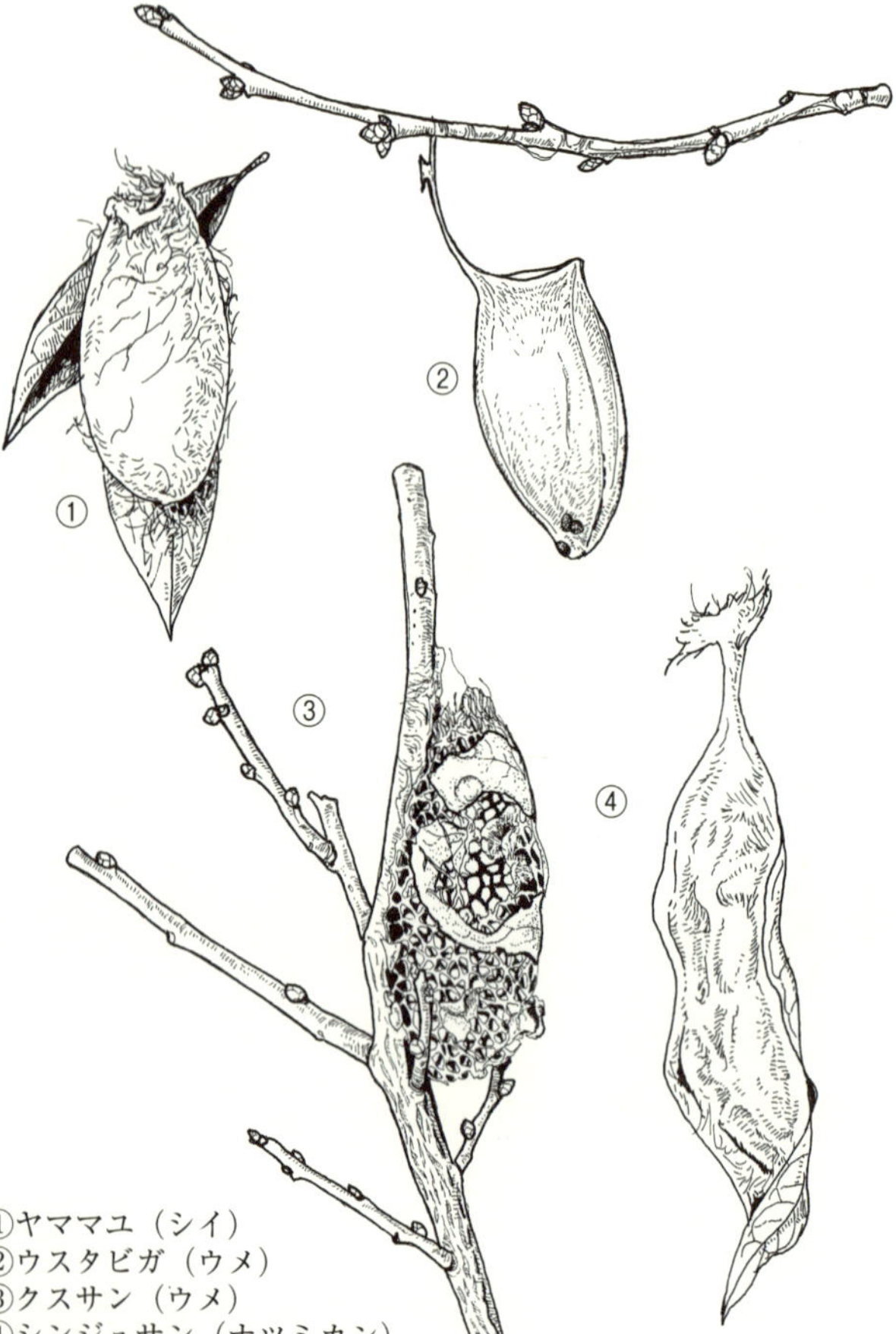

①ヤママユ（シイ）
②ウスタビガ（ウメ）
③クスサン（ウメ）
④シンジュサン（ナツミカン）

繭の図鑑

の、その幼虫は、飼育され、その繭から糸を採ることがあります。また、ヤママユと同じくクヌギやコナラには、緑色をした独特な形をしたウスタビガの繭がついているのも見つかります。雑木林のニガキや庭木のナツミカンについているのは、シンジュサンの繭です。こうした里山で見つかる繭のガイド本には、『繭ハンドブック』（三田村敏正、文一総合出版）があります。

こうした様々な繭を見るにつけ、そうした繭を作る虫の中でも、クワコだけがカイコに変身したことに、ますます不思議さを覚えてしまいます。

2 雑木林のドングリ

†雑木林の今を見る

さて、それでは田畑の背後に広がる林にも足を向けてみましょう。

里山の特徴といえば、雑木林です。かつては定期的に伐採され、薪や炭にされたため、切り株から再び芽を出しやすいという性質をもった樹種からなる若年林というのが雑木林の特徴でした。落ち葉も掻きだされ、肥料とされたので、林内も本来は明るく見通しの良い状態でした。しかし一九六〇年代の燃料革命を経て、薪や炭の利用は大きく減少し、雑木林は利用価値のないものとして放置されることになります。同時に雑木林から植林地への切り替えも行われました（その植林地も、外材の輸入増加により、手入れがなされなくなり荒れているのが現状です）。それでも、まだ雑木林には往時の面影が残っています。その雑木林の主役が、関東地方でいうと、クヌギ、コナラといったブナ科の木々です。また、関西地方では、これらに交じってアベマキやナラガシワも加わります。これらはいずれもドングリと呼ばれる実をつける木々です。また、これらの木に加えて、雑木林には同じブナ科のクリもよく見られます。

こんなふうに、里山にはドングリをつける木はあたりまえにあります。里山に限らず、街中であっても、公園や校庭、神社などで、ドングリをつける木を見ることは、それほど珍しくはありませんね。

ところが、「あたりまえ」は相対的なものです。

沖縄島中南部には、ドングリをつける木がほとんどありません。そのため、僕の教え子の、沖縄島中南部出身の学生たちは、ドングリを拾った経験がなかったりします。

「ドングリって、どこで拾えるの？」

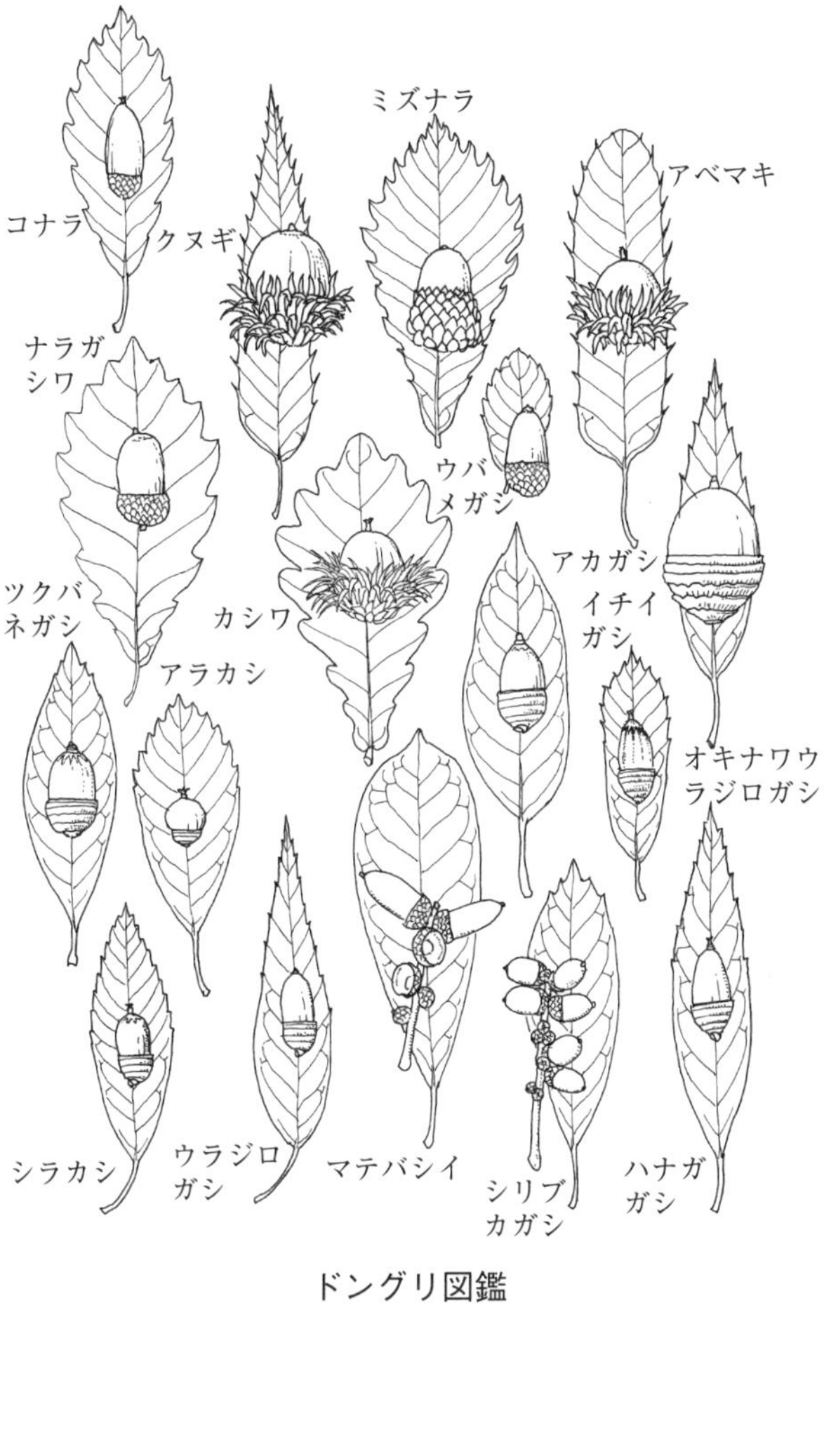
ミズナラ
アベマキ
コナラ
クヌギ
ナラガ
シワ
ウバ
メガシ
アカガシ
イチイ
ガシ
ツクバ
ネガシ
カシワ
アラカシ
オキナワウ
ラジロガシ
シラカシ
ウラジロ
ガシ
マテバシイ
シリブ
カガシ
ハナガ
ガシ

ドングリ図鑑

「そんなに普通に落ちているの？」

沖縄島中南部出身者にとっては、ドングリが拾えないほうが普通なので、こうした発言が飛び出すわけです。中には、「小さなころは松ぼっくりのことをドングリだと思い込んでいた」という学生もいたほどです。

本土の場合、里山にはドングリの木が普通にあります。里山が形成される前、関東地方以西は、照葉樹林と呼ばれる原生林に覆われていましたが、この森の主役もドングリをつける木々でした。ですから、ドングリが普通に見られるほうが、やはり一般的なことであるといえそうです。

でも、なぜ、ドングリをつける木は、森の中で一般的なのでしょう。

どうやら、それは、ドングリをつける木は、さまざまな生き物たちとつながりをつけるのがうまいということに理由がありそうです。

†ドングリって何？

じつは雑草の定義同様、ドングリとは何かという定義も人によって異なっています。僕の場合は、「ブナ科のうち、コナラ属とマテバシイ属の木がつける実をドングリと呼ぶ」という定義を採用しています（表18）。

この二つの属の実は、「はかま」や「ぼうし」と呼ばれる皿状のもの（殻斗《かくと》といいます）の中に、まるっこく、つるっとした実が入っているという共通点があります。一方、同じブナ科でもクリの実はイガと呼ばれるもの（殻斗と由来は同じものです）の中に三つずつ入っていますし、シイも若いうちはすっぽりと全体が殻斗に包まれています。しかし、人によって、クリやシイ、ブナの実もドングリに含める場合もあります。僕の定義では、ドングリは一七種ということになりますが、ブナ科の木がつける実をすべてドングリと呼ぶという定義にたつと、ドングリの種類は全部で二二種ということになります。

　ちなみに、ブナ科は三つのグループに分けられると考えられています。そのうちのひとつが、ブナ属。もうひとつがコナラ属。最後のひとつに、クリ属とシイ属とマテバシイ属がまとめられています。となると、僕の「コナラ属とマテバシイ属の実をドングリと呼ぶ」という定義は、同じ「れきし」を共有する者同士のまとまりではないということになります。とすると、ドングリは「くらし」を反映するものであるということになり

表18　ドングリのなる樹木

属	種類
コナラ属	コナラ、クヌギ、アベマキ、ナラガシワ、カシワ、ミズナラ、ウバメガシ、アラカシ、シラカシ、ウラジロガシ、オキナワウラジロガシ、ハナガガシ、アカガシ、ツクバネガシ、イチイガシ
マテバシイ属	マテバシイ、シリブカガシ

ます。では、それはいったいどんな「くらし」の反映なのでしょうか。

ドングリと同じブナ科のブナの実を見たことがあるでしょうか。ドングリと比べてずっと小さなブナの実は断面が三角形をしていますが、この三角形をした実が、ブナ科の祖先型を表していると考えられています。クリの場合は、実がずいぶんと大きくなっていますが、実の断面は完全な球ではなく、どこか三角形を思わせる形を残しています。そして、ドングリになると実の断面は完全な球になります。いわば、ブナ科の中で、究極の実の形が、「ドングリ型」なわけです。そしてマテバシイ属とコナラ属では、その実が「ドングリ型」になる「れきし」が異なっているということです。

では、実の断面が球（クヌギのドングリなどでは、全体も球形になっています）になる理由は何でしょう。球体は、最小限の表面積で、最大の容積を稼げます。つまり、ブナ科の実が球状へと変化していったわけ、すなわちドングリ化していったわけは、大きさの割に実の容積を大きくし、それだけ、動物への魅力を大きくしたためと考えられているのです。

次に、ドングリが森の主役となっている理由のひとつである、種子散布に関しての動物とのつながりを見てみましょう。

†リスはドングリが嫌い？

よく知られているように、ドングリは動物によって散布されます。動物が、冬に備えてあちこちに貯食することが、結果としてドングリの散布につながるということです。では、誰がドングリを運ぶのでしょう?

子供たちへの授業で、「ドングリを好きな動物は?」と聞くと、一斉に「リス!」という答えが返ってきます。

ドングリの運び手はリス。長年、そう思われてきました。今でも多くの人がそんなイメージをもっています。ところが近年、実際に観察をすると、リスはドングリの散布者ではないらしいという結果が得られました。

じつは、リスはドングリが嫌いなのです。ここにも「あたりまえ」だと思っていたことが、ひっくりかえるということが隠れていました。

なぜ、リスはドングリが嫌いなのでしょう。

それは、ドングリの多くにタンニンが含まれているからです。タンニンを口にすると渋みを感じますが、タンニンにはタンパク質と結びつく性質があります。つまり不用意にタンニンを取り込むと、体内のタンパク質と結びつき、それを体外に運びさってしまうのです。ドングリを食べると、栄養をとったつもりが、逆に体の栄養が奪われてしまうというわけです。

風で飛ぶには重すぎ、水で運ばれようにも沈んでしまうドングリは、種子散布を動物に頼らざるを得ません。しかし、あまりに「おいしい」実だと、動物が利用するばかりで、散布が行われない可能性もあります。そこで、「適度」にまずくなるよう、タンニンがまぜられている、そんなふうに思えます。

実際に野外でドングリの散布にあたっているのは、アカネズミやヒメネズミなど、ネズミ類です。これらのネズミ類には、タンニンを不活性化するためのしくみがあり、そのためにドングリを利用することができるのです。おもしろいことに、コナラ属と「れきし」の異なるマテバシイ属のドングリ（マテバシイ、シリブカガシ）は、そのまま口にしてもほとんど渋味がありません。そのかわり、これらのドングリはコナラ属に比べ殻（ほかの植物でいうと実にあたる部分）が厚くなっています。そのことで、タンニンに代る「食べにくさ」をネズミ類にあたえているとも考えられます。ただし、実際に研究された例だと、貯食されたドングリも予想以上にネズミに食べられてしまい、芽を出す機会があるものはごくわずかだということです。

興味深いことに、ブナ科の化石の研究から、ブナ科にはもともと風散布をしていた種類があることもわかっています。しかし、現在のブナ科（世界にはコナラ属が三〇〇種、マテバシイ属が三〇〇種、そのほかが百数十種ほど）はすべて動物散布です。そのことから考えると、やはり動物散布のほうが、風散布よりも有効な方法なのだと考えられます。

　ブナ科以外の植物に、実の形がドングリ化したものがあるということも、動物散布の有効性の一端をあらわしているといえそうです。お菓子などに使われる木の実のヘーゼルナッツは、日本産のハシバミに近い種類ですが、ヘーゼルナッツもハシバミも実はドングリそっくりです。ただしハシバミはブナ科ではなくカバノキ科の植物です（カバノキ科の多くは風散布方式を採択しています）。

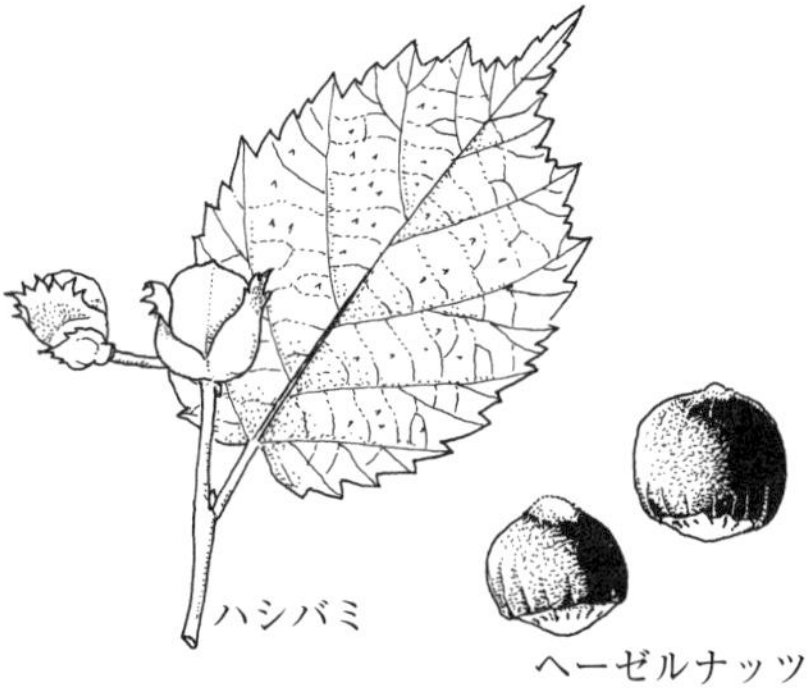

ハシバミとヘーゼルナッツ

　クルミもクルミ科というまったく別の植物の仲間ですが、ドングリやハシバミと同じように動物散布に適応した実をつけるものといえるでしょう。クルミの実にはタンニンは含まれていないので、リスが好んで利用します。なお、野生のオニグルミの殻は硬く、この殻を破って食べることができるのは、リスとアカネズミに限られます。

　両者の違いは、食べ方にあります。より体の大きなリスは、クルミの殻の合わせ目に歯をあわせてかじり、殻をキレイに二つに割って中を食べます。雑木林の中の道を歩いていて、二つに割れたクルミの殻を見つけたら、リスの食痕の可能性があるので、かじり痕が残っていないか、よく見てみましょう。一方アカネズミの場合は、殻の両端から穴をあけて中を食べます。クルミの木の近くに岩場や倒木があったら、岩の隙間や倒木の下などを覗いてみましょう。場合によっては、穴のあいたクルミがたくさん見つかるはずです。こうした場所をクルミ塚と呼びます。

†ドングリを食べてみよう

このような動物との関わり合いの中で生み出された、ドングリの種々の特徴を、自分の手と口を使って、実感してみることにしましょう。

マテバシイなどはドングリをゆでるだけで、そのまま口にすることが可能です。一方、タンニンを多く含むドングリはそれを除去しないと口にできません。マテバシイは現在、関東地方などの都市部の公園などでも普通に見られる木となっていますが、本来の生育地は九州南部から沖縄にかけてです。残りの地域でも、縄文時代の人々は、ドングリを食べていたと教科書などには書かれていますが、ではそのような地域の人々は、どのようにして渋いドングリを食用としていたのでしょう。

雑木林で普通に見かけるコナラのドングリでも、ほかの苦いドングリでも、加工の方法は共通しています。まず、カナヅチなどで叩いて割れ目をいれ、殻をはずします。そうして中身だけにしたドングリ（虫がついている場合は、取り除きます）を次に包丁で刻んで、すり鉢で摺って粉にするのです（もちろんフードプロセッサーなども活用できます）。この粉をボウルに入れ、水を灌《そそ》ぐと、水が褐色に色づきます。タンニンに水に溶ける性質があるためです。しばらくして、粉が底に沈殿したら、上澄みを捨て、新しい水を入れてやります。これを、だいたい三日ぐらい（一日に三、四回水替えをします）すると、水が透明になり、粉が渋くなくなります。この粉を乾かせば、砂糖やバターをまぜてクッキーを作ったり、卵や具と一緒にしてお好み焼きを作ったりすることができます。なお、ドングリに含まれているタンニン量によって、水替えの回数は変わってきます。これまで実践したところでは、沖縄産の日本最大の大きさを誇るオキナワウラジロガシのドングリはタンニン量が多く、水替えに一週間を要しました。

せっかくなので、エノコログサ同様、どのくらいの時間でどのくらいのドングリが収穫できるのかとか、収穫したドングリの可食部の割合はどのくらいかということを記録しておくのも面白いと思います。

参考までに、ドングリを拾って学生たちと調理をしたときの記録を紹介します。たとえば、アラカシのドングリは、ドングリの中では小粒ですが、宮崎などでは、アクを抜いたものが食用とされてきました。計ってみると、アラカシのドングリは一個の重さは平均一・五グラム。二人の学生が、一七二グラム（およそ一一五粒）のドングリを約一時間かけて殻をむき、粉にしました。粉の重さは一二八グラムで、可食部の割合は七四パーセントということになります。このアラカシの粉は、四日間、およそ一〇回ほど水を替えて苦みを抜き、クッキーにして食べました。

同様、シラカシのドングリの場合だと、一個あたりのドングリの重さは二グラム。二人、一時間で二〇一グラムのドングリ（およそ一〇〇個）を処理し、一六二グラムの粉を得たので、可食部の割合は八〇パーセントとなります。参考までに、関東の里山で見ることはありませんがシリブカガシのドングリも同様に加工調理してみたところ、殻が厚いので、可食部の割合は五〇パーセントでした（その代わり、シリブカガシには渋みがあまり含まれていません）。

なお、ドングリの名前を調べようと思う場合は、『どんぐりの図鑑　フィールド版』（伊藤ふくお、トンボ出版）がいいと思います。

3　野ネズミの観察

†野ネズミ・ウォッチングをしてみよう

実際にドングリが動物によって運ばれる様子を見ることはできないでしょうか。

先に書いたように、ドングリの運び手は野ネズミです。野ネズミの観察は、夜間に行う必要がありますが、ちょっとした工夫があれば、案外簡単に行えます。野ネズミは夜行性なので、昼間に野山を歩いていてもその姿を見ることはありませんが、じつは雑木林周辺には、たくさんの野ネズミたちがくらしているのです。ただ、さすがに野ネズミの観察は、ビニール袋だけをもっていけばいいというものではありませんので、観察に必要な手順や道具についても説明をしましょう。

野ネズミの観察で、一番大切なのは、場所の選択です。

まず昼間のうちに、起伏のある丘陵地の雑木林を歩いてみます。林の中の小道のわきに、低い土手があり、その背後に林が広がっているようなところを探してみましょう。夜間の観察になるので、できれば、車などをとめておく場所からそれほど離れていないほうが便利です。また、あまりに人家近くだと、不審がられたり、飼い犬に吠えられたりしてしまいます。さらに観察中に人通りがあると、野ネズミが隠れてしまいますから、夜間はほとんど人が歩かないようなところが好都合です（生活道路ではなく、ハイキングコースのようなところがよいでしょう）。ただ、そうなると、今度は万一のことが心配です。できるだけ二人組などで出かけていくことにしましょう。

さて、道のわきの土手を見てみてください。草に覆われたところではなく、土がむきだしになっているところがいいと思います。そのような土手に張り出した木の根のわきなどに、穴が開いていたら、野ネズミが活用している可能性があります。そのような場所が見つかったら、穴の周囲に、ペット用品店で購入した、殻つきのヒマワリの種を少し播いておきます。初日は、これでおしまいです。少なくとも一晩おいて（あまりに日数が開きすぎないほうがよいですが）、その場所を見てみます。ヒマワリの種が殻だけになっていたら、野ネズミが食べた証拠です。その見つけた穴は観察場所に使うことができるというわけです。

野ネズミの観察にはいくつか、必要な道具があります。季節が秋だと、夜には冷えるので、防寒具が必要です。なお、野ネズミの観察は日没後一、二時間ほどの間に行いますので、晩秋のほうが、日没の時間が早く、寒さを除けば観察には都合がいいと思います。ちなみに埼玉での僕の観察記録を見返してみると、一二月では、野ネズミが動き出す様子は五時ごろから観察できています。

次に、本番の観察時にも、野ネズミをひきとめるためのエサが必要です。ヒマワリの種やドングリを用意しましょう。それと野ネズミを観察するには、音をたてるのは禁物です。じっと待つわけですから、折りたたみの椅子などがあると便利です。

また、観察には赤いセロファンをかぶせた電灯が必須です。野ネズミは赤い光はあまり気にせず行動をしてくれるからです。僕の場合は、三脚に赤いセロファンをかぶせた携帯用の蛍光灯をくくりつけ、穴の近くにセットし、穴の正面から少し離れた場所に椅子を置いて観察をするという方式をとりました。もちろん、これは、日没直前、まだ野ネズミが活動する前に準備を行う必要があります。このとき、穴の近くにエサであるヒマワリの種やドングリを置いておきます。あとはひたすら待ち……の体勢です。

野ネズミ観察の工夫

僕が埼玉の雑木林で観察していたのは、アカネズミです。アカネズミの観察については、元都留《つる》文科大学教授の動物学者、今泉吉晴先生が大変おもしろい試みを、著作を通じて紹介しています。それはアポデムス・ボックス（アポデムスというのはアカネズミ属のことです）と命名された観察方法です。野ネズミの観察はここまで書いたような方式で行えるのですが、この方法には欠点があります。観察中は音をたてるのが厳禁なこと。そのことも関連して、一度にせいぜい、一人か二人程度しか、観察することはできないこと。そうした点です。今泉先生の考案したアポデムス・ボックスは、こうした欠点をクリアした観察方法です。ただし、ちょっと準備が大掛かりになります。

雑木林を背後にした土手のような立地に着目するのは同じです。違うのは、そこに観察小屋を建ててしまうという点にあります。そして、観察小屋の壁の、土手に面した一か所に穴をあけ、土手と室内をパイプでつなぎます。室内につないだパイプの一端には、アクリルの水槽に穴をあけてつなぎます。この水槽の中に、エサを置くのです。雑木林の林床でくらすアカネズミは、建物につなげられたパイプを、土手の中に開けられたトンネルと同じように利用します。つまり、ネズミたちは自分が野外にいるものだと認知したままで、いつのまにか屋内に設置された水槽の中に導かれるというわけです。こうした状況だと、多少、音がしても、観察する人数が多くなっても、ネズミは水槽の中でエサを食べる姿を披露してくれます。

もっとも、いきなりハイキングコースに観察小屋を建てるわけにはいきません。そこで、このアポデムス・ボックスを野外での観察に取り入れることができないかと考えてみました。

まずは無人で試してみることにします。大きめのプラスチック容器（食品などを保管するのに利用するものです）を用意します。アカネズミが中でエサを食べるのに適当な大きさをイメージして選びましょう。これが、簡易アポデムス・ボックスとなるわけです。容器には、ネズミの出入り口となる穴が必要です。そこで、金串を熱して、円形の穴を、容器の側面に開けます。この容器の中にヒマワリの種、マテバシイのドングリ、オニグルミを入れて、アカネズミが出入りすることを確かめた土手の穴近くにセットします。一晩以上おいて見に行くと、結果はどうだったでしょう。容器の中には、割られたヒマワリの種の殻が残っていました。糞も落ちています。どうやらヒマワリの種を、この容器の中で食べたようです。

一方、マテバシイのドングリはすべて持ち去られていました。どこかに運び出して食べたか、貯食したのです。また、オニグルミは手がつけられていませんでした。こうした容器の中にもアカネズミが入り込み、場合によっては中でエサを食べるということがわかりました。そこで、次は、さらに改良をしてみることにしました。容器の中でエサを食べるのを、椅子に座って観察しようと思ったのです。野ネズミが容器の中に入り込むことで、ただ穴の前におかれたエサを食べるときよりは、安心してエサを食べる様子が見られるのではないでしょうか?

一般の食品用のプラスチック容器だと、容器の側面の透明度が低く、観察にはむきません。そこでホームセンターに行き、より大型で透明度の高いプラスチック製の収納容器を探してみました。ネズミの出入り口用の穴をあけるのは同様です。今回はもうひとつ、蓋のほうにも穴をあけました。この穴の上に、赤いセロファンをかぶせたヘッドランプをおき、容器の中のネズミの行動が見えやすくなるようにしたのです。そのため、容器を選ぶときに、ヘッドランプの重さでたわまないように、蓋が硬くしっかりとしたものを選びました。

この簡易型アポデムス・ボックスの使用結果はどうだったでしょう? 穴から出てきたアカネズミは、最初、用心して容器の中には入らなかったのですが、しばらくすると、容器の中に入り込み、ヒマワリの種を食べたり、ドングリを運び出したりする様子を見せてくれました。ただし、このときもクルミを食べる様子は見られませんでした。

今泉先生の書かれたものを読んでも、ヒマワリの種を食べるときは、アポデムス・ボックスの周りが少々騒がしくても気にしない様子なのに、オニグルミを食べる時は周囲の音に敏感だったとあります。硬い殻のオニグルミを食べるのは、時間もかかり、また音がで

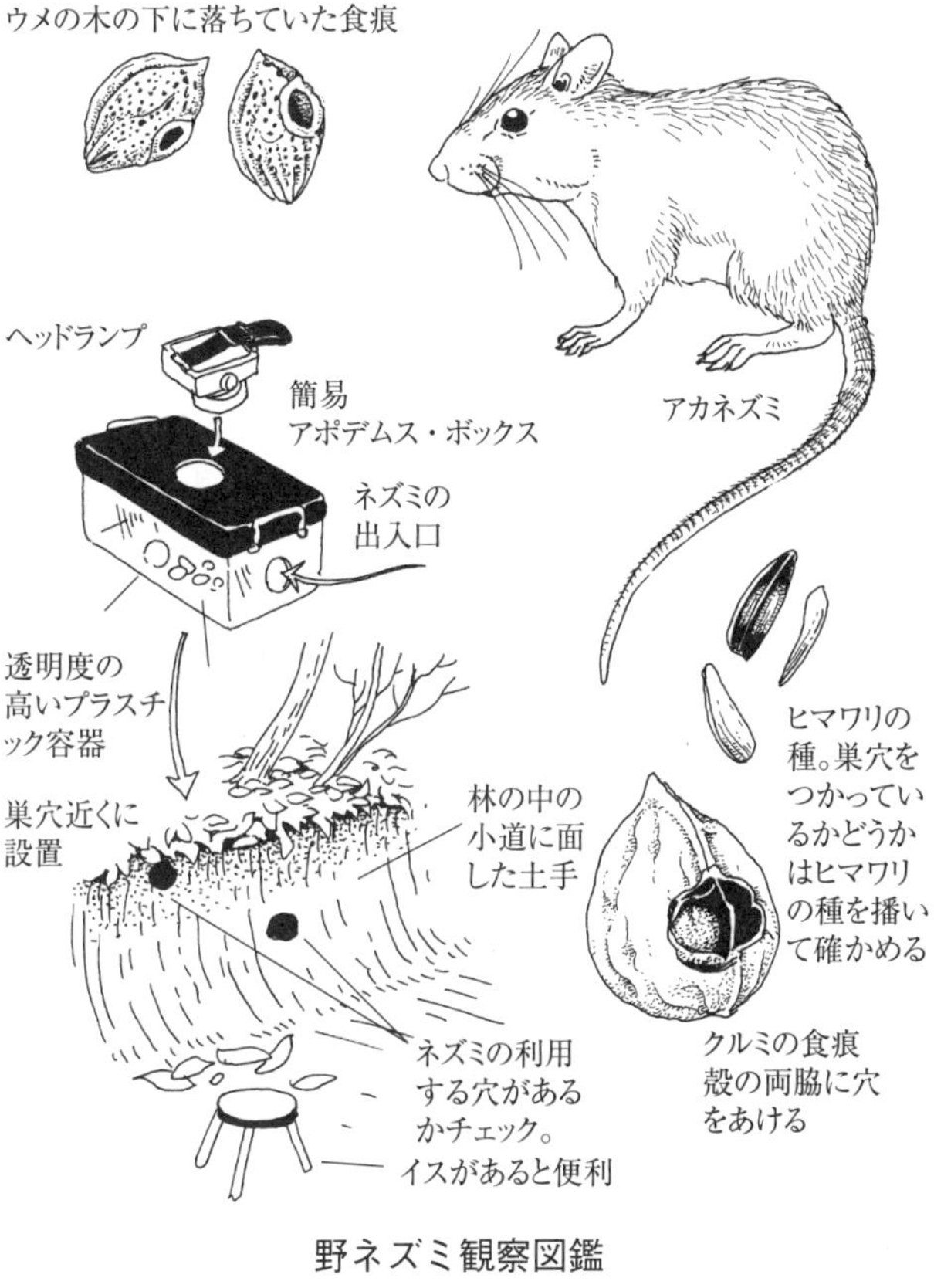
ウメの木の下に落ちていた食痕
アカネズミ
ヘッドランプ
簡易
アポデムス・ボックス
ネズミの
出入口
透明度の
高いプラスチ
ック容器
巣穴近くに
設置
林の中の
小道に面
した土手
ネズミの利用
する穴がある
かチェック。
イスがあると便利
ヒマワリの
種。巣穴を
つかってい
るかどうか
はヒマワリ
の種を播い
て確かめる
クルミの食痕
殻の両脇に穴
をあける

野ネズミ観察図鑑

るため、天敵に襲われる危険が増します。そのため、安全が確認できないようなところでは、容易にオニグルミを食べる様子は見せてくれないというわけなのです。では、簡易型アポデムス・ボックスにはさらなる改良の余地があるでしょうか。野ネズミの観察には、このように観察用具を工夫するという楽しみもあります。

†神社に行ってみよう

里山を歩いていると、雑木林に隣接する神社やお寺にも行き当たるでしょう。ちょっと境内に入ってみましょう。

境内に、常緑の大きな木は生えていませんか？　神社には、ドングリをつける常緑性のアラカシやシラカシの大木がよく生えています。さらに、同じブナ科のシイの巨木もあるかもしれません。こうした常緑のブナ科の木たちは、もともと里山が形成される以前の、原生的な自然のなごりと考えられます。

雑木林は、人間が定期的に伐採して利用する林でした。ところが、薪や木炭を使わないようになり、雑木林は放っておかれるようになっています。そのため、雑木林の中に、少しずつ、アラカシやシラカシといった常緑樹が入り込んでいるのを見かけるようになりました。これらの木は、繰り返される伐採には弱いのですが、暗い林床でも稚樹が育つことができるため、伐採がなされなくなった雑木林に、戻り始めているわけです。神社やお寺には、このように、原生林のなごりの要素である照葉樹の巨木が見られるわけですが、ほかにも、植栽されたスギやケヤキなどにも、巨木となったものが見受けられます。

こうした巨木を棲家《すみか》とする生き物たちがいます。その代表がムササビです。ムササビはリスやネズミ同様、齧歯《げっし》類の哺乳類です。ムササビは、よく知られているように前脚と後脚の間に被膜があり、木と木の間を滑空します。

夜行性のムササビは、昼間、木のうろの中に潜んでいます。ムササビの巣は、直径が九センチ前後、木の中にある部屋の部分は縦横三〇～四〇センチの広さが必要といわれています。ムササビはネズミ同様、歯が鋭いので、うろが小さければ、かじって広げることはできます。しかし、少なくとも、それくらいの広さが確保できなければ、巣穴として利用できません。定期的に人が伐採を繰り返す雑木林では、こうしたムササビの巣穴を確保できるほどの太さをもつ木は見当たりません。ですから、ムササビは寺社の境内にある大木を棲家とし、周囲の雑木林に餌を求めて飛び立つのです。

こうした生活なので、雑木林だけでは棲家がなく、ムササビは生活ができません。また、街中に孤立した寺社に大木があったとしても、今度は餌が確保できません。かくして、ムササビは、林に隣接した寺社で点々と見つかるということになります。それ以外でも、川の本流沿いなどに残っているケヤキの大木も、ムササビの棲家になっています。またこうした川沿いの民家の屋根裏の壁に穴をあけて入り込んで、巣穴として利用することもあります。

原生林が広がっていたころ、きっとムササビは、森のあちこちに巣を作っていたはずです。現在の里山には、ムササビが巣穴を作れるような大木は限られています。そこでムササビは慢性的な住宅難になっていると思われます。というのも、試しに雑木林に、鳥の巣箱を大型にしたようなものをかけたところ（顕微鏡の入っていた木箱を改造してみました）、思っていた以上にあっさりと、ムササビが利用してくれたからです。

✝ムササビ・ウォッチングをしてみよう

では、雑木林に隣接した寺社の境内で、ムササビを観察してみましょう。まずは、地図で条件に合いそうな寺社を探してみます。次は、現地調査です。ムササビが棲めそうな大きな木は生えているでしょうか。

ムササビは夜行性ですが、棲んでいるかどうかは、昼のうちに確かめることができます。まず、うろのある大木があるかどうかを探してみます。その次に、木の下に腰を下ろして、地面の上を見てみましょう。直径五ミリほどの、丸い糞が落ちていたら、ムササビが棲んでいる証拠です。ムササビは草食なので、季節によって、スギの実を食べた痕や、ケヤキの葉や実を食べた痕、ツバキのつぼみやサクラの冬芽を食べた痕などが、地面で見つかるときがあります。また、巣穴と思しき穴の周りをよく見ると、ムササビの爪痕で、樹皮がささくれていないでしょうか。このようなムササビの棲んでいるらしい証拠が見つかったら、夕方を待ちます。ただし、ムササビは、大木のうろだけでなく、社殿の屋根裏などにも棲みつくことがあるので、それらしいうろのある木が見当たらない場合も、同じように糞や食痕がないかを探してみましょう。

ムササビの行動を観察するには、野ネズミの観察の際の注意事項と共通していることがいくつかあります。ムササビが活動を始めるのは、日没後三〇分ぐらいからです。巣穴のありそうな木や、食事に訪れていそうな木の目星がついたら、その近くで、日没前から待機することにします。秋も深くなると、日暮れが早くなるという利点がある反面、寒さはきびしくなるので、防寒具は必須です。ムササビの場合も、赤いセロファンを貼ったライトを使います。ただし、観察が近距離だった野ネズミに比べると、ムササビはずいぶんと遠くにいるので、遠くまで届くライトがいいでしょう。ムササビはときおり、グルルル……という鳴き声をあげるので、聞こえてくる音にも注意を向けておく必要があります。

なお、住職や神主がいる寺社の場合、観察にあたっては、一言、おことわりをいれておく

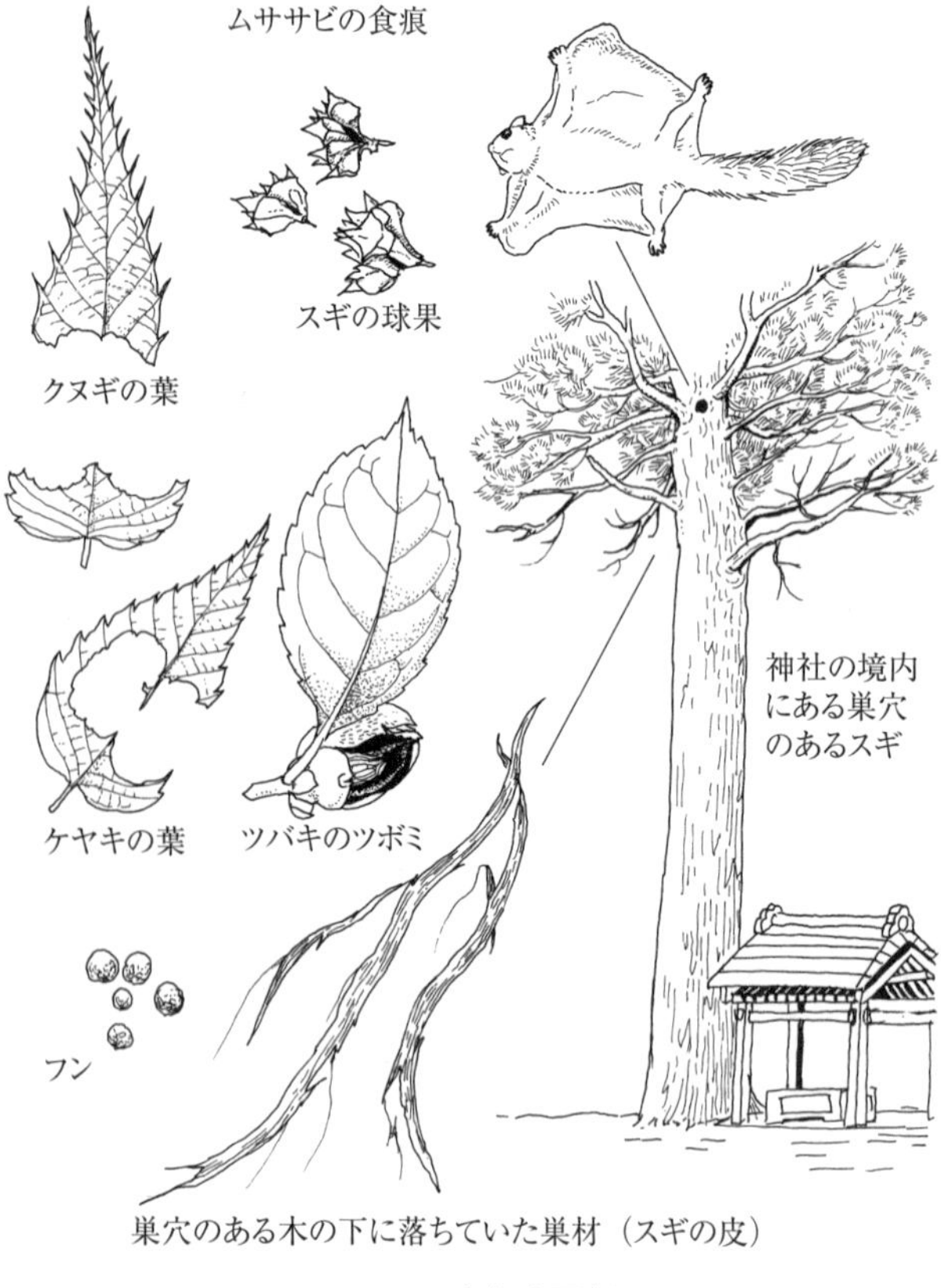
ムササビの食痕
クヌギの葉
スギの球果
ケヤキの葉
ツバキのツボミ
神社の境内
にある巣穴
のあるスギ
フン
巣穴のある木の下に落ちていた巣材（スギの皮）

ムササビ痕跡図鑑

必要があります。

神社の大木に棲家をもつムササビは、巣穴を飛び立った後、いったい、どこへ向かうのでしょうか。相手は滑空をする生き物です。見失わずに後を追いかけるのはなかなか容易ではありません。ムササビの観察は骨が折れますが、空中をふわりと飛ぶ姿は、何度見ても引き付けられます。ムササビが飛ぶ姿を見ながら、在りし日の原生林の様子を、少し思い描いてみてはどうでしょうか。

4　キノコを探して

†カキの木のキノコさがし

里山には、まだまださまざまな生き物たちが息づいているので、本書でそのすべてを紹介することはできません。

もうひとつ、最後に紹介したいのが、キノコの仲間です。キノコと聞くと、「キノコ狩り」……つまりは、「食べる」ということがすぐ連想されるでしょう。しかし、ここで紹介するのは、キノコを食べる話ではありません。観察の対象として、キノコを取り上げてみようと思います。

キノコといえば、何から生えるものですか？

木？　土？

もっと、いろいろなものから生えるキノコがあります。

キノコは、植物のように光合成をしません。動物のように動き回って餌をとることもしません。その代り、見えないほど細い菌糸を伸ばし、さまざまな物と物との間の、栄養のやりとりを仲立ちします。生態系の中のネットワーク。それがキノコです。

まずは、ちょっと変わったキノコ探しを紹介しましょう。カキの木の下でのキノコ探しです。

カキは里山でよく見かける木のひとつです。かつては渋柿も干し柿に加工されたり、柿渋を作る原料として利用されたりしたのですが、現在、里山のカキの多くは、実がなっても放っておかれる状態にあります。そして、そんなカキの実は、多くの生き物たちにとって貴重な餌資源となっています。

僕がよく観察しに出かけたカキの木は、雑木林の縁《へり》にありました。そして、まだ実の青いうちからムササビがかじって落としたものが木の下に転がっていました。カキが熟して落ちると、その汁をチョウの仲間が吸いにきたり、普段は動物の糞に集まるセンチコガネが熟した実を食べにきたりしました。昼間はその姿が見えませんが、タヌキもまた落ちたカキの実を利用する常連です。タヌキには決まった場所で糞をする「ため糞」という性質があるのですが、秋、里山で見つけたタヌキのため糞には、よくカキの種が入っています。

こんなふうにカキの実は多くの動物たちに利用されるのですが、種子は別です。カキにすれば、もちろん種子を利用されては困ります。そのためカキの種子は、芽を養う養分を、マンナンという多くの動物たちにとって消化できない炭水化物の形にして蓄えています（マンナンはこんにゃくの成分でもあります）。

ところが、自然物には、誰にも消化、分解できないものは存在しません。マンナンを利用できる生き物もちゃんと存在します。それが、菌、すなわち、キノコの仲間なのです。僕がよく見に行ったカキの木では、季節になると、カキの種子に含まれるマンナンを分解することのできる、その名もカキノミタケというキノコがよく生えていました。カキノミタケは、生態系内では、あらゆるものがリサイクルされるという、あたりまえのことを、改めて教えてくれる存在です。

カキノミタケはカキの種子から生える棒状の黄色いキノコです。このカキノミタケ、カキの木はいくらでもあるのに、どこでも見つかるというわけではありません。僕が里山の自然観察のフィールドとしていた埼玉県飯能市では、結局、一本の木の下でしか見つけたことがありません。

調べてみると、カキノミタケが、やや南方系のキノコであることが原因のようです。カキノミタケが見つかったカキの木は、ほかのカキに比べて早熟でした。そのため、まだカキノミタケにとって十分暖かなうちに、カキの実が落ちるので、発生できるということのようでした。

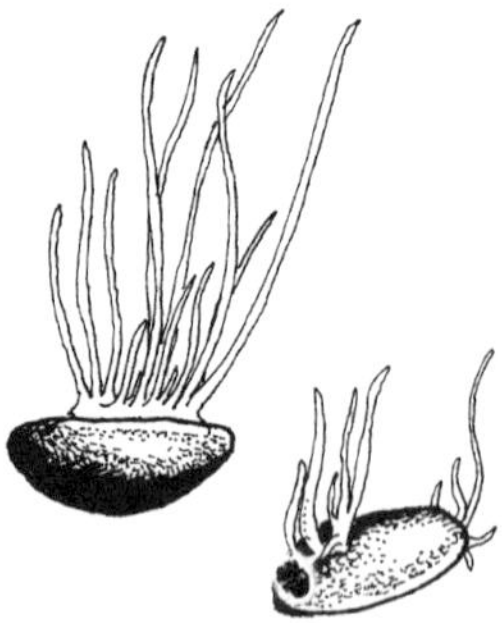

カキノミタケ

その木の下でも、九月いっぱいがカキノミタケの発生時期なので、一〇月以降は、発生が見られなくなります。もっと普通にカキノミタケを見ることができる場所があるのでしょうか？　九月ごろ、里山で落ちているカキの実を見つけたら、こんなキノコが生えていないか、気にしてみてはどうでしょうか。

†「人食いキノコ？」を食べる

カキノミタケもそうですが、キノコといえば分解者というイメージが思い浮かびます。スーパーで目にするシイタケやエノキタケ、マイタケは、確かにこうした分解者的なくらしかたをするキノコです。しかし、すべてのキノコが腐生ともいわれる、分解者的なくらしかたをしているわけではありません。

腐生とともに重要なキノコのくらしかたに、菌根共生があります。これは、植物と共生関係を結ぶというものです。光合成をする植物から光合成産物である炭水化物を供給してもらう代わりに、キノコは細い菌糸を張り巡らせることで得た土中の養分を植物に供給します。こうしたくらしかたをするキノコの代表がマツタケやトリュフです。菌根共生をしているキノコは、生きた植物と共生関係を取り結んでいるため栽培が難しく、その結果、高価なキノコとなっている場合もしばしばです。

もうひとつのキノコのくらしかたが、寄生です。寄生というのは、文字通り、他の植物や動物、場合によっては他のキノコに寄生してくらすことです。

さらに、このような三つのくらしかたの区分ははっきりと決まったものではなく、時と場合によって移り変わることがあります。こうした変幻自在な面があることが、菌の特徴です。

変幻自在なくらしぶりを見せるキノコの代表のひとつが、里山で普通に見ることのできるスエヒロタケです。このキノコは、里山だけでなく、街中でも見かけることがあります。スエヒロタケは枯れ枝や枯れ木に生えます。シイタケのように柄の上に丸いカサがあるという形はしておらず、小さな半月型のカサだけの姿をしています。

カキノミタケはカキの種子の分解者というスペシャリストでしたが、スエヒロタケはさまざまな種類の材木につき、どこでも見られます。沖縄の街中の通勤路途上でも見つかります。東京の夢の島公園では、伐採され積み上げられたウバメガシやハリエンジュ、サンゴジュの材木や、マテバシイの切り株からスエヒロタケが発生していました。里山では、桑畑の枯れ枝をはじめ、サクラやクヌギなど、さまざまな木の枯れ枝から発生します。こうしてみるとスエヒロタケは、ジェネラリスト的な材木分解者といえそうです。ところが、さらに、スエヒロタケは人体に寄生した例も知られているのです。

謎のせきと痰に悩まされる女性の痰を培養したらスエヒロタケだとわかった（つまり肺の中にスエヒロタケが寄生していた）という例が知られています。日和見感染という、免疫力が弱った人に起きた現象なので、誰でも彼でもスエヒロタケが「生える」わけではありません。ただ、僕も、海で拾ったウミガメの骨をベランダで干していたら、その骨からスエヒロタケが発生したのを見て、仰天するとともに、スエヒロタケが人体に寄生した例があることを、なんとなく納得することができました。スエヒロタケは、枯れ木だけではなく、骨からも発生できる、ひいては、生きている動物体にも寄生ができるキノコなのだと。つまりは、スエヒロタケは、状況によって、寄生と腐生の間を行き来することができるキノコなわけです。

ところで、スエヒロタケは海外では人が食用にしている例があると報告されています。最初、これを知ったときは、「こんなキノコを食べるの？」と、驚かされました。ところが波照間《はてるま》島のおじいさんから昔の植物利用を聞いていたら、波照間島でも、どうやらスエヒロタケを食べていたらしいということがわかりました。波照間島は全島石灰岩の平たい島で、森がほとんどありません。こうした島でも、スエヒロタケは畑の隅に転がっている材木から発生していたようです。「このキノコは、コウズミンと呼んで、なにもおかずがないときに、採って、だしにしたよ」といった話でした。

人やらカメの骨から発生するキノコもたいしたものですが、そんなキノコを食べてしまう人間もたいしたものです。こうした話を聞いたので、こわごわですが、試しにスエヒロタケを調理して口にしてみました。はっきり言って、硬くておいしいとは思えません。調理のしかたが悪かったのか、たまたま採ったものが古かったのか。いつか、もう一度、挑戦してみなくてはと思っています。どうでしょう、みなさんも試してみますか？

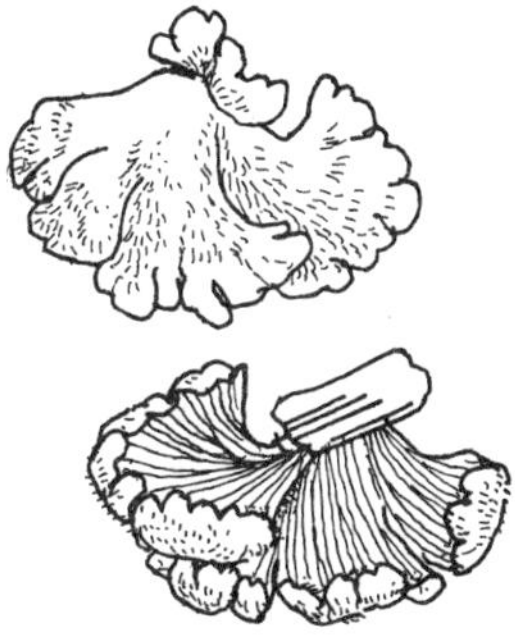

スエヒロタケ

冬虫夏草をさがしてみよう

腐生と寄生を行き来するといった菌類のくらしかたには、僕たちの常識を超えたものがあります。里山で見つかるキノコには、不思議なくらしかたをしているものがまだまだあります。

時代とともに、里山は、雑木林よりもスギやヒノキの植林が目立つようになってきています。常緑のスギやヒノキの植林地は、夏も冬も林床はうすぐらく、みかける植物や昆虫も雑木林に比べると種類は多くありません。植林地ではキノコもあまり見つかりません。外材の輸入解禁後、手入れがなされなくなり、倒木だらけになってしまった、荒れた植林地も見かけるようになっています。そのため植林地は、ついつい足早に通り過ぎる場所になってしまいます。

ただ、そうした植林地であっても、沢沿いは観察すべきポイントとなっています。なぜなら沢沿いは湿度が高く、植林地であっても湿度を好む生き物が特異的に見つかることがあるからです（沢沿いを観察するなら、靴を長靴に履き替えて、思い切って道を外れて沢の中を歩いてみることにしましょう）。

植林地の中を流れる沢といっても、沢のわきの斜面が急な場合などは、スギやヒノキではなく、雑木が生えています。沢沿いにも、まだ若いアラカシがよく生えていて、沢の上に枝を広げていたりします。こうした沢の上に広がった枝に注意してみましょう。時に、冬虫夏草が生えていることがあるからです。

冬虫夏草というのは、昆虫にとりつき、殺し、その骸《むくろ》を栄養として生育するキノコのことです。すなわち、寄生菌の仲間です。チベット高原に生える、コウモリガの幼虫にとりつくシネンシストウチュウカソウという種類は、昔から漢方薬として有名です。すべての冬虫夏草が薬用として利用されるわけではないのですが、日本からも多くの冬虫夏草が見つかっています。冬虫夏草は菌類ですから湿気を好みます。しかも、一般の菌類よりも、発生に湿気を必要とします。そのため発生のピークは、梅雨時から夏にかけての降水量の多い時期です。また、発生地も沢沿いの限られた場所になります。

冬虫夏草は昆虫を倒して生えるという「くらし」のため、生態系が豊かである場所に多く見られます。つまり、原生的な自然環境とマッチした生物であるといえます。それでも、里山でも発生が見られる冬虫夏草はあります。そのような生き物を見つけることができると、里山の中にも原生的な自然が部分的に息づいているという思いを抱くことができます。

そんな里山で見ることのできる冬虫夏草のひとつにトンボの成虫に取りつく、ヤンマタケがあります。ヤンマタケのホストとなるのは沢沿いで見られるミルンヤンマの成虫です。

ヤンマタケ

ヤンマタケにとりつかれたトンボは、菌糸で枝に固着し、翅は落ち、腹部の体節から小さなキノコを伸ばしています。とはいっても、ヤンマタケはそう簡単には見つかりません。より普通に見つかる冬虫夏草は、沢沿いのスギの樹皮などに固着している、ガの仲間の成虫から発生したものです。ガの体を覆う菌糸のところどころから、細長い突起が四方に伸びています。これはガヤドリナガミノツブタケの未熟個体です。やがて冬を越し、翌年の初夏になると、この突起の先端部に黄色いつぶつぶができ、そこから胞子が飛んでいきます。ヤンマタケやガヤドリナガミノツブタケは、着生型の冬虫夏草で、こうして成長途上のものもふくめ、ほぼ一年中、姿を見ることができます。

　里山を歩き回るのが好きでも、冬虫夏草までは目に入らないという方が多いのではないでしょうか。冬虫夏草は小さなものが多いうえ、生えている場所や生え方が特殊なので、ポイントを知らないと、なかなか目に留まらないものなのです。それでも、ここに書かれたことをヒントにすれば、冬虫夏草を探し出せると思います。冬虫夏草は、見つけるのが難しい分だけ、見つかったときの喜びはひとしおです（盛口満『冬虫夏草ハンドブック』文

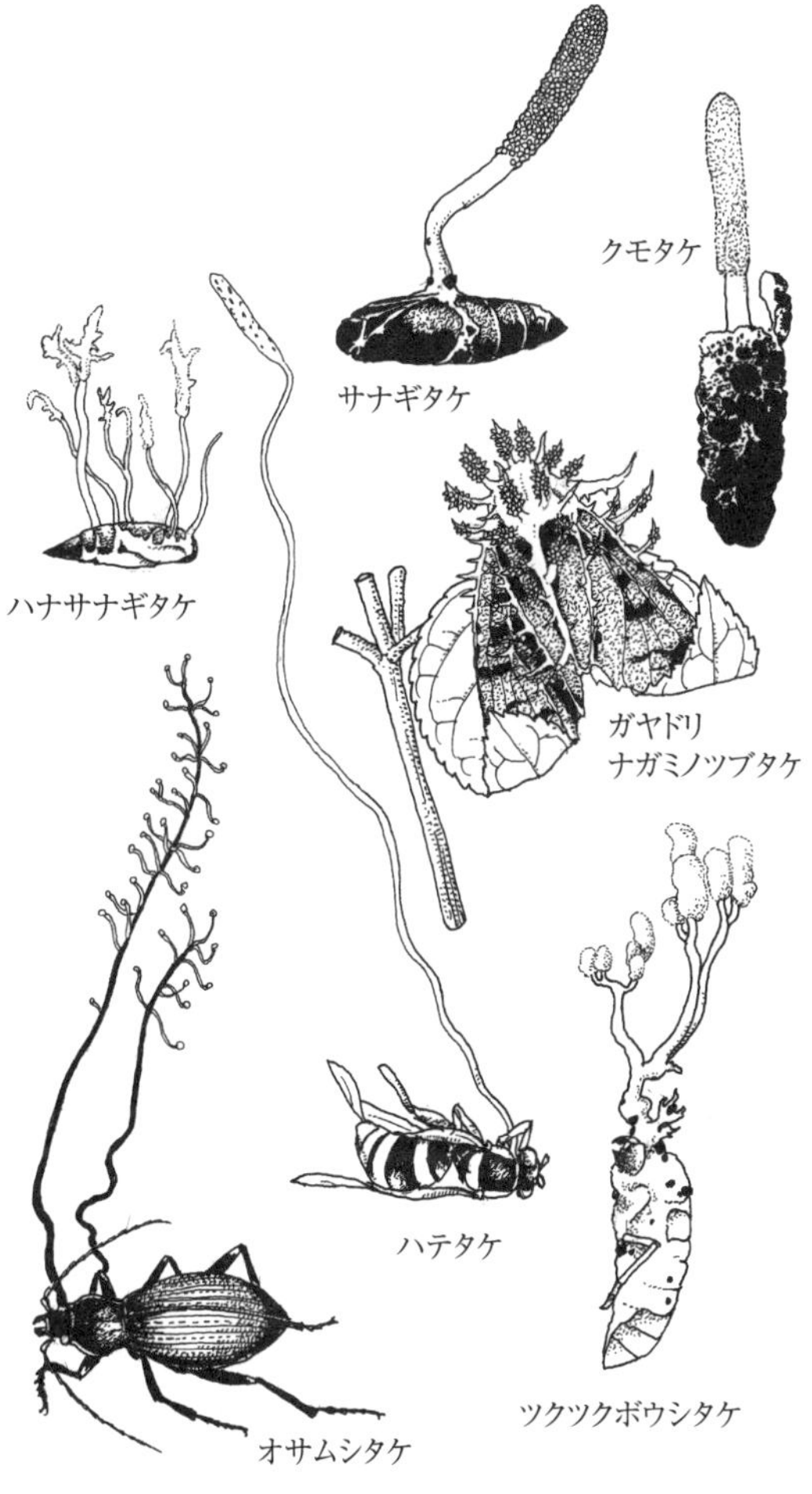

里山の冬虫夏草図鑑

一総合出版も参考にしてください)。

里山の中で、冬虫夏草が生えているポイントは極めて限られています。このようなポイントを狙わなければ目に入らない生き物がいるということは、里山といえども、そこにすまう生き物のすべてを目にとめるのは容易ではないということです。逆に言えば、自分の見方次第で、あらたな生き物に気づく可能性があるということになります。

自然というのは、多重世界のようなものです。自分のありようで、目の前の自然は、次々に新しい姿を見せてくれます。

自然はいつも「そこ」にある。ただ「それ」に気づかないだけ。

里山の自然観察も奥深いのです。

おわりに　身近な自然と遠い自然

身近な自然はどこにある？

そんな問いを出発点にして、道ばたや街中の自然観察、公園の自然観察、家の自然観察、台所の自然観察、そして、里山の自然観察を紹介してきました。

みなさんが思っていた以上に、身近にもいろいろな自然があったのではないでしょうか。身近にある自然に、普段それと気づかないのは、それが「あたりまえ」の存在として、見過ごされてしまっているからです。しかし、場所や時が変われば、「あたりまえ」は「あたりまえ」の存在ではなくなります。街中の自然といえども、ほかの街中とでは息づく生き物たちが異なっている場合が多いのです。僕も、沖縄に移住することで、以前よりそのことをよく認識できるようになりました。本書の中ではしばしば、沖縄での自然観察の例を取り上げていますが、それは、沖縄という異所の例を取り上げることで、みなさんの足元の自然の「あたりまえ」が、決して普遍的でないということを示したいと思ったからです。自然観察とは、「あたりまえ」の存在を見直すことである……ということが皆さんに伝わったらうれしく思います。

本書は、自分を中心としたときに、できるだけ身近なところから始めて、少しずつ、距離を離しながら自然を見る例を取り上げようと考えました。最後は、都市の郊外に残る里山の自然の紹介をしています。本書が、さらに、森や山、海など、もっと「本格的」な自然が残る場へ、足を進めていくことのきっかけになれば幸いです。

たとえば、本書では取り上げることのできなかった自然観察の場と方法のひとつに、海岸での漂着物探しがあります。

海辺にはいろいろなものが打ちあげられています。その代表といえば、もちろん貝殻でしょう。貝殻拾いからも、いろいろな観察をすることができます。そして、渚では貝殻以外にも、おもしろいものを見つけることができます。たとえば、黒潮が洗う海辺では、はるか南の国から流れついた、海流散布という、海の流れを利用した方法で分布を広げる実や種子たちを見つけることができます。このような実や種子は、海が荒れた後によく見つかります。

かといって、そのような海辺に、海が荒れた後に行けば、必ず拾えるとも限りません。なんとなれば、自然は、人の意のままにならないものだからです。海辺に出かけても、何も見つからずに、すごすごと家に帰る。そんなことが、何度もあります。そのような無駄に見える時間の積み重ねがあって、あるとき、思い描いていたものにようやく出会える……そうしたことがあります。

これは何も、漂着物探しだけの話ではありません。自然を対象とするということは、意のままにならないものとのつきあいである……ということを忘れないようにしたいと思います。そして、このような意のままにならないものとの出会いの過程を、「物語」と呼ぶのではないかと僕は思うのです。自然観察とは、自分だけの物語を紡ぐ作業だといえるかもしれません。

本書は、何度も繰り返し述べているように、「身近な自然」を主な観察対象として紹介しています。

「身近な自然」が存在するということは、それと対照的な「遠い自然」が存在するということを意味します。

「身近な自然と遠い自然」という自然のとらえ方を最初に示したのは、写真家の故星野道夫さんです。普段、日常的に触れる身近な自然。そして、実際に触れることは一生ないかもしれない遠い自然。星野さんは、その二つの自然の両方ともが、僕たちにとってかけがえのないものであるというメッセージを遺してくれました。遠い自然は一生、出会えないかもしれない存在です。それなのに、なぜ、かけがえのない存在なのでしょうか。それは、遠い自然は、存在していることを知っているだけでも、豊かな気持ちが生まれるものだから、と。

遠い自然とはどんな自然なのか、考えを巡らせてみてはいかがでしょうか。その思索がまた、身近な自然への見方を変えてくれるように思うのです。

「学ぶことは、あたらしい自分に出会うこと」

夜間中学の生徒さんは、そう、教えてくれました。

とすれば自然観察をすることで見つかるのは、ひょっとすると、新たな自分の姿なのかもしれません。

高校生のころを思い出しました。

まだ、一度も女の子と付き合ったことがなかった僕は、「女の子と付き合うと、世界はバラ色に見えるというのは、本当だろうか」とまじめに思っていました。

その後、ようやく僕にも待望の彼女ができました。残念ながら、そのとき、世界がバラ色に見えたかどうか、よく覚えていません。しかし、のちに、ある失恋の直後、しばらく世界がまったくモノクロのように見えたという記憶があります。となると、やはり恋をしたてのころは、世界がバラ色に見えるのかもしれません。

何を言いたいかというと、世界の在りようは変わらなくても、自分しだいで世界の見え方が変わることがあるということです。

じつは、自然観察というのは、この世界の見え方と関わりがあります。『自然観察入門』という本の中で、大阪自然史博物館学芸員だった故日浦勇さんは、自然観察を説明する場面に、「テラ・インコグニタ」という単語を登場させています。

中世。世界が未知の領域に包まれていたころ。人々は、テラ・インコグニタ――未知の大陸――の発見に熱をあげました。世界には、まだ見果てぬ大地がある。そこには、見たことのない宝物が眠っているかもしれない……。この思いに突き動かされた人々によって、実際にアメリカ大陸やオーストラリア大陸が発見されることになります。

それから時を経て、今や自宅に居ながらにして、グーグルで世界の果てまで眺めることができるようになりました。しかし、だからといって、世界のすべてが見えるようになったかというと、そうではありません。世界地図上の空白は失われましたが、テラ・インコグニタは、それと気づかぬ形で存在しています。たとえば、自然はいつもそこにあります。ただ、それと気づかないことがしばしばです。つまり、自然観察というのは、ちょっとおおげさかもしれませんが、見えざるテラ・インコグニタを可視化する作業とはいえないでしょうか。その作業をして感じるのは、世界は決して見尽くせぬ場所であるということです。そして、自分の立っている場所が、決して見尽くせぬ場所であるということに気づけるというのは、どんなに幸せなことでしょう。

僕はそんなふうに思うのです。

本書を書くことで、僕自身もまた、身近な自然の存在についてあらためて考える機会を得ました。と同時に、そのような身近な自然さえも、触れることのできないものへと変容させてしまう原発事故の理不尽さを、再認識することにもなりました。環境省が、何らかの除染が必要と定めた地域でさえ、八県にまたがっています。何気なく足下の草を摘めること。それはもう「あたりまえ」ではないのです。どうしたら、それがもう一度、あたりまえとなるのかについても、考え続けたいと思います。

この本を書くことの大きなきっかけは、ちくま新書の編集者である河内卓さんに「自然観察の本を書いてみませんか」と声を掛けられたことに端を発しています。自然観察の本といえば、日浦勇さんの名著『自然観察入門』がどうしても頭をよぎり、二の足を踏む思いでした。しかし、僕には僕なりの見方もあるのではないかと思い、また『自然観察入門』からもあらためて、さまざまなヒントをもらい、本書を書いてみようと思うに至りました。また、先に少しふれたように、僕は星野道夫さんの「身近な自然と遠い自然」という自然のとらえ方からも、大きな影響を受けています。日浦さんにも星野さんにも、生前、お会いする機会はついぞありませんでしたが、ここで一方的に謝辞をささげさせていただきたいと思います。

さて、本書もおしまいとなります。

しかし、ここからが、みなさんにとっての、「物語」の始まりです。

自然を探しに、外に出かけてみませんか。

参考文献

東正雄『原色日本陸産貝類図鑑』保育社、一九八二年
伊藤ふくお『どんぐりの図鑑　フィールド版』トンボ出版、二〇〇七年
伊藤ふくお『フィールド版　セミと仲間の図鑑』トンボ出版、二〇一四年
今井弘民ほか『日本産アリ類全種図鑑』学習研究社、二〇〇三年
今泉吉晴「雪の下の世界」（新妻昭夫編『ナチュラリスト入門　冬　雪の上のらくがき』岩波ブックレット、一九八九年、二―一二頁）
岩瀬徹・飯島和子・川名興『新・雑草博士入門』全国農村教育協会、二〇一五年
大場秀章『サラダ野菜の植物史』新潮選書、二〇〇四年
岡本正豊「房州のコハクオナジマイマイ」（『ちりぼたん』二三（一）、一九九二年、一三―一八頁）
小川潔『日本のタンポポとセイヨウタンポポ』どうぶつ社、二〇〇一年
奥山風太郎・みのじ『ダンゴムシの本』DU BOOKS、二〇一三年
尾崎煙雄・盛口満「千葉県初記録のキョウチクトウスズメについて」（『千葉生物誌』六〇（二）、二〇一一年、五七―六〇頁）
木場英久・茨木靖・勝山輝男『イネ科ハンドブック』文一総合出版、二〇一一年
栗田あとり・原田洋「都市域におけるオカダンゴムシ科とコシビロダンゴムシ科の分布特性」（『生態環境研究』一八（一）、二〇一一年、一―九頁）
小西正泰『虫の博物誌』朝日新聞社、一九九三年

阪本寧男「栽培植物とは何か」(山本紀夫編『ドメスティケーション――その民族生物学的研究』人間文化研究機構国立民族学博物館報告八四、二〇〇九年、七‐三三頁)
笹川満廣『虫の文化史』文一総合出版、一九七九年
塩谷格『作物のなかの歴史』法政大学出版局、一九七七年
島田卓哉「野ネズミとドングリとの不思議な関係」(日本生態学会編『エコロジー講座　森の不思議を解き明かす』文一総合出版、二〇〇八年、五四‐六三頁)
清水健美編『日本の帰化植物』平凡社、二〇〇三年
杉浦清彦・高田肇「ダンダラテントウの被食者としての7種アブラムシの適性」(『日本応用動物昆虫学会誌』四二(二)、一九九八年、七‐一四頁)
高田肇・杉本直子「キョウチクトウアブラムシの京都における生活環境およびその天敵昆虫群構成」(『日本応用動物昆虫学会誌』三八(二)、一九九四年、九一‐九九頁)
西田律夫「昆虫と植物――攻防と共存の歴史」(佐久間正幸編『生物資源から考える21世紀の農学3　植物を守る』京都大学出版会、二〇〇八年、八三‐一二三頁)
西浩孝・武田晋一『カタツムリハンドブック』文一総合出版、二〇一五年
日本環境動物昆虫学会編『テントウムシの調べ方』文教出版、二〇〇九年
沼田英治・初宿成彦『都会にすむセミたち』海游舎、二〇〇七年
長谷川仁編『都市の昆虫誌』思索社、一九八八年
八田洋章・大村三男編『果物学』東海大学出版会、二〇一〇年
林長閑「家屋・食品にみられる鞘翅目(甲虫目)の形態・生態」(『家屋害虫』一三、一四、一九八二年、二四‐四七頁)
日浦勇『自然観察入門』中公新書、一九七五年
牧野晩成『グリーンブックス44　果物と野菜の観察』ニューサイエンス社、一九七八年

まきのあつこ『あなたの隣の放射能汚染ゴミ』集英社新書、二〇一七年
町田龍一郎・増本三香「日本産家屋性シミ目の同定法」(『家屋害虫』二七（二）、二〇〇六年、七三―七六頁)
三田村敏正『繭ハンドブック』文一総合出版、二〇一三年
盛口満『ゲッチョ先生の野菜探検記』木魂社、二〇〇九年
盛口満『ゲッチョ先生のナメクジ探検記』木魂社、二〇一〇年
盛口満『ゲッチョ先生のイモムシ探検記』木魂社、二〇一二年
盛口満『テントウムシの島めぐり』地人書館、二〇一五年
盛口満『雑草は面白い』新樹社、二〇一五年
盛口満『雑木林のフシギ』山と渓谷社、二〇一六年
盛口満・安田守『冬虫夏草ハンドブック』文一総合出版、二〇〇九年
森田竜義責任編集『週刊朝日百科　植物の世界』七号、朝日新聞社、一九九四年
森廣信子『ドングリの戦略』八坂書房、二〇一〇年
湊宏「キセルガイ科貝類の種類とその分布」(『貝類学雑誌』別巻一、一九八九年、一―二八頁)
安田守『イモムシハンドブック』文一総合出版、二〇一〇年
山口卓宏ほか「本州中部・北部におけるアルファルファタコゾウムシの分布――2006年春季の調査」(『関東東山病害虫研究会報』五四集、二〇〇七年、一六五―一七二頁)
渡邊定元責任編集『週刊朝日百科　植物の世界』八七号、朝日新聞社、一九九五年
Lu, T. L., A Green Foxtail (Setaria viridis) Cultivaton Experiment in the Middle Yellow River Valley and Some Related Issues., *Asian Perspectives*, 41 (1):1-14, 2002
Tatti, S. et al., Terrestrial Isopods from the Hawaiian Islands (Isopoda:Oniscidea), *Bishop Museum Occasional Papers*, 45:59-71, 1996

ちくま新書
1251

身近《みぢか》な自然《しぜん》の観察図鑑《かんさつずかん》

二〇一七年四月一〇日 第一刷発行

著者 盛口満（もりぐち・みつる）
発行者 山野浩一
発行所 株式会社 筑摩書房
東京都台東区蔵前二-五-三 郵便番号一一一-八七五五
振替〇〇一六〇-八-四一二三
装幀者 間村俊一
印刷・製本 三松堂印刷 株式会社

乱丁・落丁本の場合は、左記宛にご送付ください。
送料小社負担でお取り替えいたします。
ご注文・お問い合わせも左記へお願いいたします。
〒三三一-八五〇七 さいたま市北区櫛引町二-六〇四
筑摩書房サービスセンター 電話〇四八-六五一-〇〇五三

ISBN978-4-480-06954-2 C0245

ちくま新書

1157
身近な鳥の生活図鑑
三上修
愛らしいスズメ、情熱的な求愛をするハト、人間をも利用する賢いカラス……。町で見かける鳥たちの生活には、発見がたくさん。カラー口絵など図版を多数収録！

1137
たたかう植物
――仁義なき生存戦略
稲垣栄洋
じっと動かない植物の世界。しかしそこにあるのは穏やかな癒しなどではない！　昆虫と病原菌と人間の仁義なきバトルに大接近！　多様な生存戦略に迫る。

1243
日本人なら知っておきたい　四季の植物
湯浅浩史
日本には四季がある。それを彩る植物がある。日本人と花とのつき合いは深くて長い。伝統のなかで培われた日本人の豊かな感受性をみつめなおす。カラー写真満載。

068
自然保護を問いなおす
――環境倫理とネットワーク
鬼頭秀一
「自然との共生」とは何か。欧米の環境思想の系譜をたどりつつ、世界遺産に指定された白神山地のブナ原生林を例に自然保護を鋭く問いなおす新しい環境問題入門。

1095
日本の樹木〈カラー新書〉
舘野正樹
暮らしの傍らでしずかに佇み、文化を支えてきた日本の樹木。生物学から生態学までをふまえ、ヒノキ、ブナ、ケヤキなど代表的な26種について楽しく学ぶ。

584
日本の花〈カラー新書〉
柳宗民
日本の花はいささか地味ではあるけれど、しみじみとした美しさを漂わせている。健気で可憐な花々は、知れば知るほど面白い。育成のコツも指南する味わい深い観賞記。

952
花の歳時記〈カラー新書〉
長谷川櫂
花を詠んだ俳句には古今に名句が数多い。その中から選りすぐりの約三百句に美しいカラー写真と流麗な鑑賞文を付し、作句のポイントを解説。散策にも必携の一冊。